蒙日 | *Gaspard Monge*

拉普拉斯 | *Pierre-Simon Laplace*

高斯 ｜ *Carl Friedrich Gauss*

柯西 │ *Augustin–Louis Cauchy*

闪耀人类的数学家

Men of Mathematics

（第2版）

②

［美］E.T. 贝尔————著

罗长利————编译

贵州出版集团

贵州人民出版社

新流出品

目录

1
拉普拉斯
Pierre-Simon Laplace

自然的一切结果都只是数目不多的一些不变规律的
数学结论。

——P.–S. 拉普拉斯

皮埃尔－西蒙·拉普拉斯侯爵是个出色的数学天文学家，被称为法国的牛顿。作为一个数学家，他的《概率论的解析理论》可以被看作概率论现代形式的奠基之作。《天体力学》则彰显出他雄心勃勃地想解决太阳系的问题。他出身于农民家庭，但没有成为一名农夫；他致力于挽救没落的世袭制，差点成为一个势利小人。在人性方面，他有许多令人诟病之处，比如他是拿破仑的老师，还当了6个星期的内政部部长，却在保皇派倒卷之时，一脚将拿破仑踢开，成为保皇派的座上宾。他在政治上的油滑甚至超越了拿破仑。对头衔的贪婪，在政治上的随风倒，对得到公众尊重的渴望，以及为了成为大家关注的中心而出风头，无疑让拉普拉斯在人性上更丰富多样，但这些都不能遮挡他对数学的巨大贡献。

解开太阳系之谜

　　1749 年 3 月 23 日，皮埃尔－西蒙·拉普拉斯出生在法国卡尔瓦多斯省的博蒙昂诺日，他的父母是当地的农民。关于拉普拉斯早年的生活资料甚少，他在青少年时期也不像有些数学天才那样过早地展露出惊人的才华。这跟他的出身有关，拉普拉斯以"农民儿子"的身份为耻，竭力隐瞒自己贫微的出身。

尽管如此，他在乡村学校时就已显示出非凡的才能。拉普拉斯首次崭露头角是在一次神学辩论会上，这跟他成年后成为一个无神论者倒形成了鲜明对比。拉普拉斯富有的邻居们看到他大有前途，就心甘情愿地为他支付学费，供他继续读书。于是，拉普拉斯以走读生的身份进入了博蒙一所军事学校学习，并在那里教过一段时间的数学。他非凡的记忆力和数学才能给人们留下了深刻印象，当地一些有权势的人给他写了举荐信。

18岁的拉普拉斯带着信风尘仆仆地前往巴黎，希望可以从此擦掉自己身上的乡土气，征服那个令人敬仰的数学世界。他一到巴黎就敲开了达朗贝尔家的大门，送上了乡绅们的推荐信。第一次，他被拒之门外，因为达朗贝尔对于只带着大人物推荐信的年轻人不感兴趣。拉普拉斯对人情世故的敏锐的洞察力此时显现了出来，他察觉到了达朗贝尔的不满。于是，他回到住处，亲自给达朗贝尔写了一封信，他在信里对力学的普遍原理做了番精彩论述。果然，达朗贝尔看到信之后大为震惊，赶忙回信邀请拉普拉斯去见他，他在信中写道："先生，你看，我几乎没有注意你那些推荐信；你不需要什么推荐。你已经更好地介绍了自己。对我来说这就够了，你应该得到我的支持。"不久后，在达朗贝尔的举荐下，拉普拉斯被任命为巴黎军事学院的数学教授。

从此，拉普拉斯积极投身于他毕生的事业——用牛顿的万有引力定律解开太阳系的谜团。如果他能专心做这一件事，而不是把自己卷入政治旋涡，他将成为比现在更伟大的人。拉普拉斯在1777年写给达朗贝尔的一封信中，描述了他想成为什么样的人，当时他27岁。信中写道："我从事数学研究一向出于爱好，而非追求虚名。我最大的乐趣是研究发明者的进展情况，看看他们的天才怎样千方百计地对付他们碰到的障碍，以及怎样克服这些障碍。然后我把自己放在他们的位置上，问自己，我会怎样去克服这些障碍。虽然在大多数情况下这样替换只会使我的自负蒙受耻辱，但是为他们的成功而感到的欢欣，丰厚地补偿了我这点微不足道的屈辱。如果我有幸能给他们的工作添加一些东西，我会把全部功绩都归于他们最初的努力，并确信他们在我的位置上会比我做得更好……"

这段自我评价中的第一句也许是对的，但是其他部分就不属实了。尤其是"我会把全部功绩都归于他们最初的努力"这句，拉普拉斯用实际行动证明，他完全背离了自己的话。强烈的虚荣心使拉普拉斯不能正确看待同他声望相当的同行们的工作，他任意剽窃同时代的人和前辈们的研究成果，比如从欧拉、拉格朗日那里拿来位势理论的重要概念，从勒让德的数学分析中取走所需的一切。在他的杰作《天体力学》中，他故意不提写进这部著作中的其他人的工作成果，还把自己的成果同他们的混在一起，以便让后人形成一种错觉：天体数学理论是他独自一人创立的。当然，他还不至于忘记牛顿，在《天体力学》中重复提到的只有牛顿一人。似乎天体力学的宏伟大厦，只是他拉普拉斯和牛顿两人建造的。其实，拉普拉斯完全没有必要如此心胸狭隘，他对太阳系动力学的巨大贡献很容易使其他人相形见绌。

暂时放下对人性的评价，让我们从数学角度来看看拉普拉斯为解开太阳系之谜做了哪些伟大的努力。他的研究其实极其复杂和困难，在拉格朗日那章，我们提到过三体问题，拉普拉斯面对的也是这类问题，但他涉及的范围更大。他必须用牛顿定律算出太阳系所有行星相互之间及它们与太阳之间的综合摄动效果——它们之间相互拉拽和推斥产生的效果。比如，土星除了它较稳定的平均运动外，是会飘逸到太空，还是继续作为太阳系的成员？或者木星和月球的加速度最终会造成一个落进太阳，另一个撞碎在地球上吗？这些摄动效应是累加的还是减小的呢？或者它们是周期性的还是永远有的呢？这些谜题只是一个大问题的一部分，而这个大问题就是：太阳系是稳定的还是不稳定的？

牛顿发现了万有引力定律，这是天体力学的计算基础，但在太阳系稳定性这个伟大主题面前，牛顿也只能茫然地求助于上帝；欧拉与牛顿之间隔了半个多世纪，欧拉选择抛弃上帝，在双目失明的情况下，第一次对月球运动进行了透彻的分析和计算。可面对苍茫的宇宙，欧拉深感自身的无力和渺小，深深怀疑在万有引力定律基础上进行这样宏伟的计算是不可能的。

如今到了拉普拉斯，他与欧拉又相隔了半个多世纪。1773年，拉普拉斯向解开太阳系稳定之谜迈出了重要的第一步，他证明行星到太阳的距离除了存在一些微小的周期性变化之外是不变的。这让他迎来了24年里第一个真正的荣誉：成为科学院副院士。

不过，在《天体力学》中，拉普拉斯把条件高度理想化了，比如他忽略了潮汐的摩擦。同时，自《天体力学》出版以来，人们对太阳系的知识又增加了不少，这些因素拉普拉斯当然不可能考虑到。因此，现实的太阳系稳定性问题还有进一步讨论的余地。尽管如此，拉普拉斯无疑在这个方向上迈出了具有重要意义的一步。

法国著名数学家、物理学家傅立叶精湛地总结了拉普拉斯此后的科学生涯："拉普拉斯把他的全部工作用在一个固定的方面并且从未偏离，他天才的主要特点就是能够冷静沉着地观察。当他开始着手解决太阳系问题时，他已经处于数学分析的顶峰，他知道这个理论中最精巧的一切，没有人比他更适于扩展它的领域。1773年，他已经解决了天文学中的一个重大问题，他决定把全部才智贡献给数学天文学，这是他注定要加以完善的领域。他深入地考虑了他的伟大计划，以科学史上无可匹敌的坚忍不拔的精神，毕生致力于这项计划的完成。这个宏大的课题，给他的天才带来了应得的荣誉。他承担了撰写他那个时代的天文学代表作，即《天体力学》的重任；他的不朽著作，远远超过了托勒密的著作，正如现代的分析科学数学分析超过了欧几里得的《几何原本》。"

这个评价对拉普拉斯来说再恰当不过了。不论他在数学上做了什么，都是为了给解答"太阳系稳定问题"以帮助，他把全部力量集中于一个最值得他为之努力的方向。有时候拉普拉斯也会被其他东西引诱，但他很快又把自己纠正到原来的轨迹上。他一度对数论很感兴趣，但是一认识到要解开整数之谜可能需要花费很多时间，会对他探究太阳系问题造成严重影响，他便很快放弃了它。他在概率论方面取得了划时代的工作成果，乍看上去偏离了他的主要兴趣，实际上也可以归因于他在数学天文学方面的需要。拉普拉斯一眼就看出，天体力学是一切精密科学不可缺少的重要理论，他必须尽毕生之力去研究发展。

天体力学

拉普拉斯花了 26 年时间写就了《天体力学》，把他在天文学上的工作总结成了一个有条理的整体。正如前面提到的，天体力学的发展不是凭借某一个人的力量，而是集合了那个时代许多科学家的辛苦努力和付出。天体力学的主要奠基人有欧拉、达朗贝尔和拉格朗日等。其中，欧拉是第一个较完整的月球运动理论的创立者，拉格朗日是大行星运动理论的创始人。拉普拉斯是他们中的集大成者，尽管他在自己的著作中从未提到过其他人对天体力学的卓越贡献。

1799 年，《天体力学》出版了两卷，论述行星的运动、形状和潮汐现象；1802 年和 1805 年出版的另外两卷继续这方面的研究；第五卷于 1823 至 1825 年完成。《天体力学》中的数学解释极其简略，甚至有些地方非常粗糙。拉普拉斯感兴趣的是结果，而不是他怎样得出了这些结果。他经常把复杂的数学论证用简短明了的形式压缩，只留下结论和一句评语"显而易见"。他自己常常会花费几个小时甚至几天的辛苦计算，才能把他写作"显而易见"的内容再次推理出来。美国数学家兼天文学家鲍迪奇翻译了《天体力学》中的四卷和附加的说明，他抱怨说："只要一看到'显而易见'这句话，我就知道起码得花好几个小时的工夫才能填补这段空白。"

1796 年，拉普拉斯的杰作《宇宙体系论》出版了，它被视为有关《天体力学》主要成果的易读说明版，这里面关于数学论证的全部内容都被省略了。这部著作就像 1820 年出版的那部 4 开本 153 页的《概率的哲学导论》一样，都是拉普拉斯脍炙人口的名篇。在这两部作品中，拉普拉斯显示出他作为一个作家同他作为一个数学家一样杰出而伟大。一个不具备数学专业知识和不熟知数学术语的人，如果想了解概率论的魅力，阅读这本《概率的哲学导论》再合适不过了。尽管自拉普拉斯写了这篇导论以来，概率论的研究，特别是基础方面的工作，又有了许多新的发展，但他的解释仍然是经典的。在书中，拉普拉斯对宇宙和他自己的工作抱负有一段极其精辟的表述："我们可以把宇宙现在的状态视为其过去的果以及未来的因。如果一个智者能知道某一刻所有自然运动的力和所有自然构成的物件的位置，假如他也能够对这些数据进行分析，那宇宙里从最大的物体到最小的粒子的运动都会被包含在一个简单的公式中。对这智者来说，没有事物会是含糊的，而未来只会像过去般出现在他面前。"

值得一提的是，拉普拉斯这段话中提到的"智者"被后世引申为"拉普拉斯妖"，它与违背热力学第二定律的"麦克斯韦妖"、在观测之前处于生和死的叠加态的"薛定谔的猫"、一直在爬行却永远无法到达终点的"芝诺的乌龟"并称为"物理学四大神兽"，即物理学史上四个著名假说的代称。"拉普拉斯妖"

并不是一种真实存在的生物，它是拉普拉斯用比喻的方式来表达他坚信苍茫浩大的宇宙是可知的，整个宇宙可以用一个包罗万象的公式来解答，而这个单纯的公式就被掩藏在数学和物理之下，"未来"是可以通过"计算"来进行"观测"的。

拉普拉斯的这个观点与牛顿认为的"太阳系的稳定是靠上帝来维持的"相反，他突破了神学在天体物理学中的支配地位。无独有偶，爱因斯坦在给友人的信中写道："你信仰掷骰子的上帝，我却信仰完备的定律和秩序。"这与拉普拉斯的理论不谋而合。

人们总喜欢将拉格朗日和拉普拉斯放在一起比较，他们都是 18 世纪的数学家，他们都来自法国，这些共同点让他们形成了更有趣的对比：拉普拉斯属于数学物理学分支，拉格朗日属于纯数学分支。法国数学家、几何学家和物理学家泊松在对两人的评价中更倾向于认可拉普拉斯："拉格朗日和拉普拉斯在他们的一切工作上，不论是研究数还是研究月球的天平动，都有着很大的差别。拉格朗日往往在他探讨的问题中只看到数学，把它作为问题的根源——因此他高度评价优美与普遍性。拉普拉斯则主要是把数学看作一个工具，当每一个特殊的问题出现时，他就巧妙地修改这个工具，使它适合于该问题。一个是伟大的数学家，另一个是伟大的哲学家，试图通过使高等数学为自然服务来了解自然。"

从傅立叶对拉格朗日的评价也可以看出他跟拉普拉斯之间的本质差别："拉格朗日既是一个大数学家，也是一个哲学家。他欲望淡泊，用他的一生，用他高尚、质朴的举止，以及他崇高的品格，最后用他精确而深刻的科学著作，证明了他对人类的普遍利益始终怀着深厚的感情。"从对现代数学的影响来看，傅立叶的话至少证明拉格朗日的科学著作中具备深度和精确性，这些特点是拉普拉斯所不具备的。

对同时代的人来说，拉普拉斯的地位在拉格朗日之上。这其中有一部分原因是拉普拉斯试图证明的太阳系稳定性的问题具有重要意义，无须质疑的是这个计划本身是宏伟的。但是，拉普拉斯所在的时代，乃至我们今天所生活的时代，人们对宇宙知之甚少，还不能使这个问题得到根本解决。也许还要经过很多年，数学才能发展到足以让我们处理那些大量又复杂的数据。不过，没有一个数学家会质疑拉普拉斯在研究太阳系理想模型时所发展起来的数学理论和纯数学工具，它们的用途和所建立的学术体系对科学发展有重大的意义。

比如，拉普拉斯在欧拉、拉格朗日等人的基础上发展起来的位势论，它是当星球不能作为质点处理时，计算星球间引力必不可少的数学工具。拉普拉斯在发展位势论时绝想不到它会远远超过自己的梦想。要是没有位势论，我们想要理解电磁学几乎举步维艰。从这个理论中产生了一个强有力的数学分支——边值问题，在今天，它对于物理科学具有比万有引力定律更加重要的意义。可以说，流体运动、引力、电磁学和其他领域引入位势论，是数学物理学中最巨大的一次进步。著名的位势方程，也被称为拉普拉斯方程，已经成为今天理工科大学生必须熟悉掌握的一个重要方程。

数学大师，政治小人

　　1785 年对拉普拉斯的科学家生涯和公职人员生涯都有着非同一般的意义。他在这一年晋升为科学院院士，并在军事学院获得了对一名 16 岁考生进行一对一考试的独特荣誉。而这个参加考试的年轻人注定要打乱拉普拉斯将终身奉献给科学的计划，使他从单纯的数学转入肮脏的政治。这个年轻人就是拿破仑·波拿巴。

　　整个大革命期间，拉普拉斯是骑在马背上侥幸渡过了一切劫难。但是，像他这样拥有如此声望又不乏野心的人，是不可能完全逃脱危险的。拉普拉斯和拉格朗日能够逃脱被推上断头台的命运，仅仅因为新政府需要他们的才能，去计算大炮的弹道，或者帮助指导制造用于火药的硝石。这比一些专家学者被迫去从事体力劳动要强得多，而拉格朗日对底层民众的天然同情和拉普拉斯出身农民家庭的身世背景，也为他们赢得了革命者的尊敬。就这一点而言，他们的朋友，法国著名哲学家、数学家孔多塞要倒霉得多。孔多塞由于长期受奢靡的贵族风气影响，甚至不知道一份普通的煎蛋卷需要用多少个鸡蛋，他在餐厅点餐时要了 12 个鸡蛋来做煎蛋卷。这引起了厨师的注意，询问他是干什么的。孔多塞的回答是"木匠"，可他没有木匠那样粗糙和满布伤痕的手，于是他被投进了监狱，并在那里凄惨地死去。

　　大革命之后，拉普拉斯积极投身于政治，或许是想要打破牛顿参政的纪录。法国人客气地称拉普拉斯是一位"多才多艺"的政治家，这多少掩盖了他作为政治家左右逢源、八面玲珑的油滑。

拿破仑在执掌政权后，对这位昔日的老师崇敬有加，视他为"自己人"，把一切能给予的荣誉都给了拉普拉斯，包括内政大臣的位置。他还被赠予诸多勋章，比如法国荣誉军团大十字勋章和留尼汪勋章，还被封为帝国伯爵。可是，拿破仑倒台时，拉普拉斯毫不犹豫地在流放拿破仑的法令上签了字，扭头就投入了保皇派的怀抱。

王权复辟后，拉普拉斯又立即效忠于路易十八。他被封为侯爵，并于1816年担任改组综合理工大学的委员会主席。他恐怕是唯一可以在革命派和保皇派手中同时获得爵位的人。每次改朝换代，拉普拉斯总能通过改变政治观点来保住他的官职，他可以不付出任何代价，一夜之间从狂热的共和主义者变成热忱的保皇党。这样的人怎么看都不可能是一个平庸的政客。

拿破仑在被流放到圣赫勒拿岛后，对拉普拉斯做出了那个著名的评价："拉普拉斯是一个第一流的数学家，但他很快就暴露出他仅仅是一个平庸的行政官员。我们从他做的第一件工作就看出我们受骗了。拉普拉斯看问题缺乏正确的观点：他到处找细微的差别，只有一些似是而非的意见，最后把无穷小的精神带进了行政工作。"

拉普拉斯对拿破仑的评价则没有被保存下来，如果有的话，它大概会如此陈述："拿破仑是一个第一流的军人，但他很快就暴露出他只不过是一个平庸的政治家。我们从他最初的功绩就看出他是受骗了。拿破仑从明显的观点看待一切问题：他到处怀疑背叛行为，却恰恰在发生背叛行为的地方不怀疑，对他的支持者只有一种孩子般天真的信任，最后把无限慷慨的精神带进了一个贼窝。"

如果非要从政治角度对拿破仑和拉普拉斯评个高下，那么，至少拉普拉斯的政治生命要更长一些。

也许最足以表现拉普拉斯政治天才的证据，可以在他的科学著作中找到。因为要根据不断变动的政治主张来修改科学，且不留痕迹，的确需要真正的天才。在《宇宙体系论》第一版出版时，拉普拉斯将它献给了共和国的"五百人院"，即下议院，他是这么结束全书的："天文科学的最大好处，在于消除了由于对我们与自然的真正关系的无知而产生的种种错误，由于社会秩序只能建立在这些关系上，这些错误便更具有毁灭性。真理和正义是社会秩序永远不变的基础。我们绝不需要这种危险的准则：为了更好地保证人们的幸福，有时欺骗或奴役他们是有用的！世世代代的不幸经验已经证明，违反了这些神圣的法则是一定会受到惩罚的。"

王权复辟后，《宇宙体系论》被禁止发行，拉普拉斯侯爵在1842 年为它改换了一套言论："让我们小心保存并增加这种丰富的进步知识，它是有思想的人们的欢乐。它对航海和地理学做出了重要的贡献；但是它最大的好处在于消除了对天体的各种现象产生的畏惧，消灭了由于对我们与自然的真正关系的无知而产生的种种错误。如果科学的火炬熄灭了，这些错误不久又会再现。"

然而，正是因为拉普拉斯这种善于逢迎的特点，或者他本身对政治就没什么对或错的观点，他在历史洪流的法国大革命中没有受到丝毫影响，他的研究得以继续，并未因此而中断。不过，当他的真正信念受到怀疑时，他又变得十分勇敢。当时，他送给拿破仑一部《天体力学》，拿破仑想炫耀一下自己的才学，便责备他有一个明显的疏忽："你写了这本关于世界体系的大书，却一次也没有提到宇宙的创造者。"

拉普拉斯反驳说："陛下，我不需要那个假设。"要知道，在拿破仑面前说真话是需要勇气的，拿破仑曾在一次学院会议上把法国生物学家拉马克弄哭了。

可是，当拿破仑要求拉普拉斯复述这句话时，那个圆滑的拉普拉斯又回来了，他模棱两可地回答："啊，但是那是一个很好的假设，它说明了许多东西。"

除此之外，拉普拉斯对有才能的初学者也非常真诚慷慨。

比奥是第一个发现云母独特的光学性质的人，他讲了年轻时在科学院读书的一件事。当时他正在宣读一篇论文，拉普拉斯听完后将他拉到一边，给他看了一份自己还没有发表的、泛黄的旧手稿，上面是一个与比奥完全相同的发现。拉普拉斯告诫他保守秘密，继续研究下去，直到能够发表著作。拉普拉斯将数学的初学者比作他的继子，他对待他们就像对待自己的儿子那样好。

拉普拉斯的晚年在距离巴黎不远的阿格伊乡间的庄园中度过。他人生的开局是个农民的儿子，结束是一个伟大的数学家和显赫的侯爵，他的一生没有什么值得遗憾的。如果一定有什么遗憾，那便是他对揭开整个宇宙之谜只迈出了一小步。1827年3月5日，拉普拉斯没有忍受太多疾病的折磨，安然离世，享年78岁。他的遗言是："我们知道的不多，我们不知道的无限。"

Men of Mathematics

2
蒙日
Gaspard Monge

我不能告诉你为了对画法几何的图形有所理解,我
付出了多大的努力,我讨厌画法几何。

——夏尔·埃尔米特

加斯帕尔·蒙日发明了画法几何，没有他的几何学，就不会有 19 世纪机器的大规模生产。画法几何是机械制图和图解方法的根源，有了它，才有机械工程。提到蒙日，就不得不说一下化学家克劳德 – 路易·贝托莱伯爵，他是蒙日、拉普拉斯、拉瓦锡和拿破仑的密友。贝托莱和拉瓦锡一起被认为是现代化学的奠基人。贝托莱和蒙日交情甚笃，以至于他们的敬慕者们不再试着将他们的非科学活动区分开来，干脆叫他们蒙日 – 贝托莱。

　　蒙日对数学的另一个贡献是将分析应用于几何。他后半生追随拿破仑征战埃及，两人结下了深厚的友谊。但随着滑铁卢战役的失败，拿破仑单方面地抛弃了年老的蒙日。蒙日的一生跌宕起伏，他参与的政治事业，分散了他在数学研究上的许多精力，但不管怎样，蒙日至死都是一个数学家。

机械天才少年

加斯帕尔·蒙日于 1746 年 5 月 10 日出生在法国的博恩。他的父亲叫雅克·蒙日，是个小贩和磨刀匠。也许是自己的社会地位太低，不愿意让孩子重蹈覆辙，雅克非常重视教育，一口气把他的三个儿子都送进了地方学院接受文化教育。三个儿子在事业上都获得了成功，加斯帕尔更是这一家的天才。加斯帕尔·蒙日上的学校是由一个宗教团体创办的，他在每件事情上都能获得头奖，这为他自己赢得了殊荣——他的名字上面会被印上纯金。

蒙日勤于动手，勇于探索，在青少年时代就已显露出非凡的几何才华和创造精神。14 岁时，蒙日为博恩镇设计制造了一辆消防车。当地市民十分惊讶地问他："既没有资料，又没有模型，你是怎么成功制造出这辆消防车的呢？"蒙日回答道："我有两个不会出错的成功工具，一个是坚持到底，一个是用我的手指把我头脑中的图形精确地画出来。"

身体力行，坚持到底，这就是蒙日一生追求数学和探索科学的真实写照。不可否认的是，蒙日是一个天生的几何学家和工程师，他有着使复杂空间关系变得形象化的天赋。

蒙日 16 岁时，完全靠自己的智慧，制作了各种测量工具，独自测绘，为博恩镇绘制了一幅精彩的大比例地图，再一次显示了他非凡的几何才能和动手能力。正是这幅地图令他的命运有了与众不同的转折。

他的老师们被他的天才行为和刻苦钻研精神深深打动了，推荐他到里昂的学校担任物理学教授。16 岁的蒙日和蔼、有耐心，一点也不装模作样，再加上他知识丰富，足以使他成为一名优秀的教师。他的杰出令教团不惜出重金聘用他，并要求他立下誓言，终身留在学校里教书。年轻的蒙日尽管智商卓绝，但毕竟缺少世事磨炼，他与父亲商量是否要应下这份足以令他后半生衣食无忧的差使。父亲颇有远见地劝他要慎重考虑，于是蒙日顺从了父亲的意思，没有匆忙答应。

过了一些日子，在一次从里昂市回博恩镇探亲的途中，蒙日遇见了一位搞工程的官员。他曾见过蒙日绘制的那张有名的博恩镇地图，对蒙日的才能极为推崇。在他的强烈建议下，雅克决定把儿子送到梅济耶尔的军事学校去。这位官员没有告诉雅克，军事学校是一个唯出身论的地方，蒙日出身低微，永远不会被授予军官头衔，这意味着他只能当个平凡普通的"士兵"。蒙日并不了解情况，他急于出人头地，接受了官员的建议，前往梅济耶尔。不过，没有成为军官对蒙日未来的学术生涯是件好事。

18 世纪的欧洲由于商业上和殖民地的争夺，以及宗教和王室间的世仇，危机四伏，烽火连天。各种军事学校应运而生，数学作为军事工程和武器设计制造的最基本工具，受到极大的重视，欧洲当时许多著名数学家职业生涯的起点都是军事学校。比如，拉格朗日上过都灵的炮兵学校，拉普拉斯是在博蒙的军事学校，而蒙日是在梅济耶尔。

到了梅济耶尔后，蒙日很快就清楚了自己的处境。这所学校里只有 20 名学生，其中每年有 10 名学生将作为从事工程的陆军中尉毕业，剩下的 10 名学生则被要求去做一些测量和制图之类的所谓"下等职业"。蒙日没有抱怨，这些具有实际意义的工作让他过得很快乐，而且他有大量的时间去研究数学。筑城术是学校常规课程里非常重要的一门课，它要求把防御工事设计得不能暴露在敌军任意火力覆盖之下。这就需要做大量的、近乎无止境的算术运算，而这通常被视为一件不可能完成的事。

有一天，蒙日将自己对这类问题的解答写成文章，递交给一位高级官员审查。那位官员拒绝审查这类解答，因为他不相信有人能解决这个问题，他甚至说："我为什么要给自己找麻烦，不厌其烦地去验证一个假定的解答呢？作者都不会花费时间去计算，研究他安排的图形是否合理。我相信计算会被简化，但我不相信奇迹！"

蒙日坚持说他的解答没有用到算术，他说服了那位高官，他的解答也通过了审查。事实证明他的办法是正确的。

这就是画法几何的开始。蒙日通过他画出的图形，得到了一个教学职位，得以把这个新方法教给未来的军事工程师们。以前构筑防御工事是像噩梦一样令人讨厌的事情，有时等工事修建完成才会发现它不合理，那就不得不把它拆毁，从头开始。有了蒙日的画法几何，一切就像背字母表 ABC 那么简单了。蒙日宣誓不泄露他的方法，把它作为一个军事秘密小心翼翼地保守了 15 年之久。直到 1794 年，他才被允许在巴黎的师范学校公开讲授这种方法。当时，拉格朗日坐在听众当中，听完画法几何的演讲后说："在听蒙日的演讲以前，我不晓得我是知道画法几何的。"

画法几何与微分几何

蒙日在从事军事工程方面的工作时，经常需要在平面上表现空间的形体。例如，需要在纸上画出房屋或建筑物的图样，以便根据这些图样施工建造。纸张是二维的平面，而空间形体是三维的，为了使三维形体能在二维的平面上得到正确的显示，就必须规定和采用一些方法，这些方法就是画法几何所要研究的。

具体地说就是，首先想象两个呈直角相交的平面，就像把一本书打开呈 90 度角：一张平面水平放置，另一张垂直放置。要描画的空间图形由垂直于平面的射线分别投影到两个平面上。这样就有了空间图形的两个投影：在水平平面上的投影叫俯视图，在垂直平面上的投影叫正视图。如果必要的话，还可以做出第三个投影，叫侧视图。把垂直平面翻下来，使它和水平平面落在同一个平面（水平平面所在的平面）上，就像把书打开平放在桌面上一样。于是，空间立体或其他图形就由两个投影描画在同一个平面上了。这样我们就有了一个作图方法，它把我们通常想象的或实在的三维空间中的东西通过同一平面上的两幅平面图形表达出来了。用平面表达立体，用二维刻画三维，这就是画法几何学的思想。

蒙日《画法几何学》中的绘图法，主要是用二正交投影面定位的正投影法，有人称之为"蒙日法"。但这种绘图法并非蒙日首创。1525 年，文艺复兴时期，德国的迪勒已应用互相垂直的三画面画过人脚、人头的正投影图和剖面图。17 世纪末意大利人波茨措所著《透视图与建筑》中介绍了先画物体的二正投影图，然后根据正投影图画透视图的方法。可是，这些方法的表述不是系统的，而是零散的。蒙日的最大贡献在于用"投影"（或"射影"）的观点对这些方法进行了几何的分析，从中找出规律，形成体系，使经验上升为理论；同时使作图方法也形成了体系。利用这种体系，不仅所绘图形精准了，难画的部位容易被画出了，还可以图解立体的空间几何性质，由"已知通向未知"，寻求"真相"。

这种简单明了的画法可以直接把我们在三维空间看到的东西画在一张纸上，只要经过短期训练，制图员就能轻松辨认这些图形，并从中得到更多有用的东西。在二维平面上表现三维空间形体的方法，即图示法，是画法几何研究的其中一个内容。另一个内容被称为图解法，就是在平面上利用图形来解决空间几何问题的方法。比如，根据由测量结果绘制的地形图来设计道路或运河的线路，决定什么地方需要开挖或填筑，以及计算土方等。

画法几何的发明革新了军事工程学和机械设计，和应用数学中众多一流的方法一样简单明了。现在这门由蒙日发明的学科，已经发展得非常完整，在工程机械领域发挥着至关重要的作用。

在继续讲述蒙日的生平之前，我们先梳理完他对数学的贡献。除了画法几何，蒙日对数学，或者说对几何学的另一个重要贡献就是微分几何。

自牛顿和莱布尼茨创立了微积分以来，这门学科在方法上具有通用一致性，在结果上具有普遍适用性，统治了整个 18 世纪的数学。源自古希腊时期的综合几何学的地位则大大降低，被数学家们冷落。这是因为几何需要完全依靠数学家的聪明才智找到解法，缺少类似微积分这种既普遍又简单的办法。

蒙日在画法几何上表现出了对图形的天赋，为此他历经 35 年研究整理，于 1805 年写出了关于微分几何的第一部著作《分析在几何中的应用》。他巧妙地利用微积分来研究曲面曲率，取得了巨大的进展。他的曲面理论为高斯扫清了道路；高斯的工作鼓舞了黎曼；而黎曼由此发展出了黎曼几何，成为爱因斯坦相对论的数学基础。拉格朗日公正地指出："由于蒙日把分析应用于几何学，这位精力绝伦的学者将名垂千古。"

蒙日对微分方程的出色研究，同样和几何中的曲线和曲面密切相关，这证明蒙日是地道的几何学家。在他看来，分析和几何是相辅相成的同一个课题。他把问题的几何方面同分析方面统一起来考虑，而对那个世纪的其他数学家来说，分析和几何是两个分支，只不过它们有某些"接触点"而已。在他的影响下，几何学在巴黎综合理工大学得到蓬勃发展。蒙日的学生彭赛列受到他的启发，后来成为投影几何的创立者，这门学科在数学和其他科学技术上有着广泛应用。

蒙日在学术上的贡献远远超出数学领域。他在物理学、化学、冶金学、机械学和武器设计等方面都有杰出的成就。有一次，蒙日应学生的要求，向他们介绍自己的发明成果，拉格朗日再次位列听众席。听完演讲后，拉格朗日感慨地说："亲爱的同事，你刚才讲了一些非常优美的东西，我多希望这些工作是我能做出来的。"

天赐良缘

1768 年，蒙日 22 岁时，在梅济耶尔晋升为数学教授。3 年后，军事学校的物理学教授去世，他又担任了物理学教授的职务。两份工作，双重压力，丝毫没有对蒙日造成困扰。他体格强壮，身心健康，承担三四个人的工作都不成问题。实际上，他也经常这么做。

才华横溢、年富力强的蒙日即将迎来他的天赐良缘。在一次宴会上，蒙日听见一个贵族男子对一名年轻美貌的女子破口大骂。原来，那名女子是寡妇，刚刚痛失丈夫不久，她断然拒绝了贵族男子跟她相好的请求，贵族男子恼羞成怒，公开欺负这位寡妇。蒙日挤在看热闹的人群里，弄清楚了事情的来龙去脉后，他血气上涌，推开人群走到贵族男子面前，对准他的下巴狠狠来了一拳。

"离这位女士远一点！"他警告那名贵族男子。

那人见蒙日高大威猛，决斗的话自己恐怕不是对手，便灰溜溜地离开了。

几个月后，蒙日又跟朋友参加了另一个宴会。席间，他的视线完全被一位迷人的少妇吸引住了。通过友人介绍，蒙日有幸结识了奥尔邦夫人。两人交谈后，蒙日才知道她就是自己曾经打抱不平、出手相救的女子，她的名字叫霍波。霍波年仅 20 岁，她表示在亡夫的身后事料理完之前不会考虑再婚的事情。蒙日向她保证说："您不用担心，我一生中解决过比这棘手得多的难题呢。"

1777 年，两人结为伴侣。自此一生，蒙日成了她所崇拜的偶像。霍波活得比蒙日要长，她总想做些让丈夫千古流芳的事。实际上这很没有必要，因为蒙日在他活着的时候就为自己树立了不朽的丰碑。同时，霍波是蒙日最忠贞不渝的爱人，当拿破仑因蒙日年事已高而冷落他时，当蒙日先于她离开人世时，这名高洁的女子始终如一地支持、爱慕着蒙日。

　　有段时间，蒙日因学术研究与达朗贝尔和孔多塞保持着通信联系。1780 年，这两个人在巴黎游说政府创办一所水利学院，并举荐蒙日负责这项工作。梅济耶尔不愿意放走蒙日这个"中流砥柱"，便要求他拿出一半的时间继续留在军事学校教书，蒙日答应了这个苛刻的条件。3 年后，他被任命为海军军官候补生的主考人，终于摆脱了在梅济耶尔的职务。

　　蒙日在海军任职的 6 年里，公正廉洁，凡事都秉公处理。他毫不留情地取消了一些不称职的贵族子弟的军官资格。那些心怀不满的贵族威胁他，不会让他有好果子吃，并要给他严厉的惩罚。蒙日坚定立场，毫不退缩，他说："要是你们不喜欢我的办事方法，就另请高明吧。"在他的整治下，法国海军的面貌焕然一新。

　　蒙日出身于法国底层老百姓的家庭，他职业生涯的绝大部分时间都得跟一些争宠的势利小人打交道，这让他成了一名革命者。他目睹了底层民众流离失所，全国土地荒芜，饿殍遍野，而统治阶级的贵族们依然日日笙歌，过着奢靡腐败的生活。旧的社会秩序注定维持不了太久，被长期压迫的民众早晚要起来反抗。蒙日深知，一场猛烈的暴风雨即将来临。

投身法国大革命

1789 年，法国大革命爆发。蒙日义无反顾地投身到革命洪流中，早期的革命党人对蒙日信任有加。1792 年，他被任命为海军和殖民地大臣。但是，法国大革命引起了周边国家的不安，普鲁士、奥地利成立联军攻打法国。由于路易十六的王后、奥地利皇帝的妹妹玛丽·安托瓦内特泄露军事机密给联军，法国军队被打败，联军攻入法国。民众们不堪忍受王室卖国求荣的行为，酝酿了一场更大的暴动。他们攻入王宫，拘禁了国王和王后，打倒了波旁王朝。蒙日上任的时候正值法国风雨飘摇、动荡不安之时，这项工作对谁来说都极端困难。

面对困境，蒙日仍然尽心尽力地履行职责。他认为自己是平民的儿子，比他的一些朋友，比如贵族出身的孔多塞，更加了解民众的需求。于是他又前往临时执行委员会，制定革命后的一些具体措施。新政权带领法国人民打败了外国干涉军，成立了法兰西第一共和国。

1793 年 1 月 21 日，在巴黎市中心的革命广场，成千上万的平民大军汇聚在一起，组成人民的海洋。他们一起见证恶贯满盈的路易十六受到惩罚。同年 2 月，蒙日发现他本人被质疑不够激进，于是他果断地递交了辞呈，5 日后他又被重新任用。在那个混乱又困难的时期，蒙日每天都有被送上断头台的危险，但他从不向无能和无知屈服，恪尽职守，大力整顿治理混乱的局面。他不担心自己的安危，他唯一担心的是国内政党间的分歧会继续招来外国的进犯，那样大革命的胜利果实将丧失殆尽。

果然不出他所料，没过多久，普鲁士、奥地利、西班牙、荷兰、英国等国成立了反法同盟，对法国进行武装干涉。蒙日在1793年4月10日获准辞职，去从事一项更紧迫的任务——领导和组织全国的军火生产。

国民公会召集了一支90万人的军队进行防御，可是武器库里的军火只有所需的1/10。当时的法国没有任何可能进口制造大炮的原料，制造铜炮的铜和锡、制造火药的硝石、制造火器的钢都十分匮乏。面对多国联军，没有武器的法国又该如何反抗呢？

这时，蒙日站出来了，他告诉国民公会："从我们的土地里找出硝石来，三天之内我们就能给大炮填满弹药。"

众人困惑不已：怎么才能从土里提取出硝石呢？

这可难不倒蒙日。他的朋友贝托莱领导化学家们发明了从土里提炼原料和简化制造黑火药的新方法。为了获得锡和铜，他们还号召大家捐出家里时钟的金属零件，拖出教堂里的大铜钟。整个法国变成了一座巨大的军工厂，而蒙日就是从容指挥这一切的灵魂。他白天在铸造厂和兵工厂监督工作，利用晚上的时间写就了指导工人生产的手册《大炮制造工艺》。

在同仇敌忾、一致对外的抗战氛围下，国外反动势力节节败退。然而，法国人民迎来的不是全面胜利，而是各个革命派别的内讧，以及国内急剧高涨的恐怖浪潮。1794年夏天，国民公会通过《惩治人民之敌》法令。这个法令取消了预审被告的程序；革命法庭无须证人作证，只要根据"内心确信"就可以确定被告是否有罪；而对一切危害共和国的罪行，只规定一种惩罚——死刑。恩格斯批评 1794 年夏天的这种恐怖浪潮"完全是多余的"，因为它只能导致革命失去群众的支持。

蒙日雷厉风行的做事风格，为他树了不少敌人。一天，蒙日的妻子听说贝托莱和她的丈夫都将被检举，她怕得要命，跑到王宫去打听消息。她发现贝托莱安静地坐在栗树下，他也听到了谣言，但是认为一个星期内不会发生什么事。然后，他以惯常的镇静补充说："我们肯定会被逮捕、审判、定罪和处决的。"

那天晚上蒙日回家时，他的妻子把贝托莱的预言告诉了他。蒙日的震惊可想而知，他带领全国人民建立大炮工厂，打退了进犯的侵略者，现在却被指控为共和国的敌人。他不由得惊呼道："我真没想到会发生这样的事情，我只知道我的大炮厂干得好极了！"

不久后，蒙日被他住所的看门人检举了。面对这种无中生有的指控，就连蒙日也受不了了。他只得悄悄地离开巴黎，等这阵风暴过去了再回来。

与拿破仑的友谊

1792 年，46 岁的蒙日与比他年轻 23 岁的拿破仑相见了。当时蒙日没有注意这位身材矮小、样貌并不出众的军官，拿破仑却对这位为法国建造大炮和制造火药的学者印象深刻。

1796 年，当拿破仑逐渐掌握权力时，他给蒙日写了一封信。信中写道："一个不得宠的年轻炮兵军官，因在 1792 年从海军大臣那里受到了热诚的欢迎而向你致谢，他珍藏着这次记忆。他现在是指挥进军意大利的将军，他很乐意向你伸出感激和友谊之手。"

蒙日和拿破仑之间长期的亲密关系就这样开始了。这里引用拿破仑的话来评价这段独特的友谊："蒙日爱我，就像一个人爱着一位情人。"同时，蒙日是拿破仑对之怀有慷慨无私和持久友谊的唯一的人。蒙日帮助拿破仑取得了事业上的成功，但那不是拿破仑喜欢这位老人的根本原因。

拿破仑信上所说的"感激"，是指任命蒙日和贝托莱为特使，前往意大利选择绘画、雕塑和其他艺术品，这是意大利人战败的代价。蒙日在挑选这些战利品时，培养了对艺术的敏锐鉴赏力，并成了一名行家。

但是，这种枉顾意大利人民心血的掠夺使他内心不安。当一批又一批"战利品"被运上船只，蒙日觉得这些足以摆满数个卢浮宫，的确太过分了。于是，他提出了适可而止的劝告，他说，治理一个民族，不能令他们一贫如洗，这既不利于民族的利益，也不利于征服者的利益。拿破仑采纳了他的建议。

意大利的差事办完后，蒙日和拿破仑在意大利北部的乌迪内大庄园里相见。拿破仑非常欣赏蒙日，他的谈吐、无穷无尽的知识、丰富有趣的见闻都令拿破仑钦佩，蒙日则欣赏这位总司令亲切的幽默和指挥的艺术。在公开宴会上，拿破仑总是命令乐队演奏《马赛曲》，因为"蒙日喜爱它"。的确，蒙日爱极了这首昂扬的曲子，他会在就餐之前，用高亢的嗓音唱着：

前进前进祖国的儿郎，

那光荣的时刻已来临！

　　法国在意大利的军事行动取得了胜利。但在接下来的一年里，拿破仑在意大利和埃及推行的共和制相继失败，这让他非常恼火。

　　1798 年，拿破仑决定远征埃及，他把这个计划透露给了十几个人，蒙日就是其中之一。没多久，由 500 艘船只组成的法国舰队到达马耳他，仅用了 3 天就占领该地。作为开化东方的第一步，蒙日办了 15 所初等学校和 1 所中学。一周后，舰队重新起航，蒙日登上了拿破仑的旗舰"东方号"。每天早上，拿破仑会拿出一个题目，作为晚饭后的讨论和娱乐项目。这些题目包括地球的年龄、世界毁灭于大火或洪水的可能性哪个更大，以及行星上是否可以居住。毋庸置疑，蒙日是讨论会上的明星，而拿破仑出的题目也彰显了他有着比亚历山大大帝更大的野心。

　　当舰队抵达埃及的亚历山大港时，蒙日最先跳上岸，他迫不及待地要为拿破仑立下战功。要知道，拿破仑非常重视对征服地区的开化工作。他的远征队伍中，除了 2000 门大炮，还有 175 名各行各业的学者，以及上百箱的书籍和研究设备。拿破仑曾下达过一条著名的指令："让驮行李的驴子和学者走在队伍的中间。"他决不允许"文化军团"在做开化工作之前，就被消灭在攻城战斗中。因此，拿破仑命人用小船把蒙日和其他学者沿尼罗河送往开罗。

　　然而，当拿破仑指挥着军队沿着尼罗河进军，一步步接近胜利的时候，他猛然听到小船驶离的方向传来一声大炮的轰鸣。拿破仑最担心的事情即将发生，于是他急忙脱离正在进行的战斗，疾驰前去救援。原来，小船在沙堤上搁浅了，学者们遭到了攻击。可是，蒙日不会向任何难题屈服，无论是数学还是战争，他像个老兵似的开了炮。拿破仑的及时驰援赶走了进攻者，蒙日也因为自己的勇敢获得了奖章。拿破仑则为救了自己的朋友感到高兴，一点未曾因拯救蒙日错失战机而后悔。

法国人强大的战争机器征服了埃及，却难以从文化上啃下这个拥有几千年文明的古国。与此同时，欧洲大陆政局风云变化，反法联盟再次形成，法兰西共和国内的保皇党势力也在逐步增强。1799 年，拿破仑不得不取道危机四伏的地中海，秘密返回巴黎。

回国的旅程对蒙日和拿破仑来说就不如出航时那么有趣了。拿破仑不再预测世界格局，而是担心如果被英国海员抓住，自己会有什么结局。他不希望自己被秘密处死，那种死法太窝囊了，假如他注定要死在这片海域上，那他就要死得轰轰烈烈。

有一天，他将蒙日叫到身边说："如果我们遭到英国人的进攻，那就必须在他们靠拢我们的那一刻，把我们的船炸掉。我责令你执行这项任务。"

第二天，一艘船出现在地平线上，全体船员都严阵以待，准备打一场硬仗，结果却发现那是一艘法国船只。

一场骚乱过去后，有人问："蒙日在哪里？"

水手们在火药库里找到了蒙日，他手上拿着一盏点燃的灯。如果那艘船是英国人的，那他会立即引燃火药库，与对方同归于尽。

好在他们都安全回到了巴黎。蒙日自从离家后就没有换过衣服，他看上去活像一个流浪汉，好不容易才躲过看门人，返回自己温暖的小家。

蒙日和拿破仑的友谊此时还未有任何动摇。他被委任为新建巴黎综合理工大学的校长。在蒙日的领导下，巴黎综合理工大学很快成为法国工程师的摇篮，为法国乃至全世界培养出了许多第一流的科学家。

1804年，拿破仑·波拿巴登上皇帝宝座，号称拿破仑一世。综合理工大学的学生群起反抗，而他们是蒙日的骄傲。为此，拿破仑质问道："好啊，蒙日，你的学生几乎全都反抗我。他们明确地声称是我的敌人。"

"陛下，"蒙日回答道，"我们费了好大的劲才把他们变成拥护共和政体的人，要他们变成帝制的拥护者，得给他们时间。另外，请允许我直言，您转变得也太突然了！"

此时的蒙日大概是法国唯一敢于顶撞拿破仑、对他讲真话的人了。1804年，拿破仑为了表彰蒙日的功绩，封他为佩吕斯伯爵。

我知道我将怎样死去

随后，拿破仑又历经了三次反法同盟的进攻，在逐一击退入侵者的同时，拿破仑也完成了称霸欧洲大陆的夙愿，成为跟恺撒大帝、亚历山大大帝齐名的拿破仑大帝，法国和拿破仑都进入了全盛时期。

至此，整个欧洲大陆上只有在远东的俄国尚未被拿破仑征服。1812 年，拿破仑率 60 万大军远征俄国。蒙日已经 66 岁了，他太老了，不能伴随拿破仑进入俄国，只能留在他自己的庄园里，通过官方公告，密切关注大军的进展。然而，法国军队在莫斯科迎来惨败，能够回到法国的士兵不足 3 万人。

当蒙日读到那份宣告法军失败的"第 29 号公告"时，他突然中风了。在恢复意识后，一向身强力壮的蒙日感慨道："以前我不知道，现在我知道了我将怎样死去。"

蒙日走向生命尽头的速度比他料想的要慢一些，也更悲惨些。拿破仑败走俄罗斯后，他的权力也迅速弱化，他对自己一手扶植起来的集团在关键时刻倒戈深感不满。再次掌权后，拿破仑打算狠狠报复那些忘恩负义的人，蒙日劝他做人做事都要慈悲些：因为有朝一日再度陷入绝境，今天宽恕的那些人才不会落井下石。拿破仑听从了蒙日的建议，恩威并施，稳住了局势。

滑铁卢之战后，拿破仑时代真正地一去不复返。在权力中心流连的最后时刻，拿破仑将战略目光转向了西方——欧洲已经无法继续征服，那就去征服美洲吧。

他对蒙日说："我需要一个同伴，首先让我跟上科学的现状。然后你蒙日和我将从加拿大到合恩角，漫游整个美洲大陆。在这漫长的旅途中，我们将研究科学界还没有得出定论的和地球物理学全部奇异的现象。"

这完全是痴心妄想，但是将近 70 岁的蒙日信以为真了，他身上的热血重新沸腾起来。他惊呼道："陛下，您的合作者已经找到了，我跟您一起去！"

但是这次，拿破仑粗暴地拒绝了这位好友。他认为年迈的蒙日会妨碍他在美洲闪电般的进军速度。

"你太老了，蒙日，我需要一个比较年轻的人。"

忠实的蒙日蹒跚走开，去为他的陛下、他的好友寻找"一个比较年轻的人"。他找到了阿拉戈，但任凭他口若悬河，把这件事说得无上光荣，阿拉戈还是拒绝了这个差事。阿拉戈指出，拿破仑在滑铁卢抛弃了他的军队，这就注定他不会成为一个合格的领袖，没有人愿意追随他，哪怕是去环境宜人的美洲。蒙日的游说失败了，拿破仑也被迫退位。

波旁王朝复辟。蒙日作为一个革命者和拿破仑的心腹，他的脑袋成了波旁王朝悬赏的东西。为了保住性命，蒙日不得不颠沛流离，拖着年迈病弱的身体从一个贫民窟躲到另一个贫民窟。然而即便这样，波旁王室也不肯放过他，他们剥夺了这个老人最后的荣誉，哪怕这项荣誉跟革命派和拿破仑毫无关系。1816年，他们命令科学院把蒙日开除，院士们忍气吞声地顺从了。

1818年7月28日，正如蒙日自己预言的那样，他在一次中风后，陷入了长时间的昏迷，最终与世长辞。综合理工大学的学生们一直将蒙日视为偶像，而这些年轻、充满活力的后继者是蒙日的骄傲。所以，听闻蒙日逝世的消息后，综合理工大学的学生们打算去参加他的葬礼，但国王拒绝了这个请求。学生们礼貌地遵从了这道禁令，但是他们比委曲求全的院士们更加机智勇敢。国王的命令仅限于葬礼，第二天全体学生前往墓地，在他们的老师和朋友——加斯帕尔·蒙日的坟墓前献上了一个花圈。

蒙日曾经在飞扬跋扈的拿破仑面前保护了这些年轻人，如今他们也顶住了波旁王室的强横，维护了老人死后的荣誉。

3

傅立叶

Jean Baptiste Joseph Fourier

傅立叶定理不仅是现代分析学极为美妙的结果之
一，还可以说它为解决现代物理学中几乎每一个难
题提供了一种不可缺少的工具。

———威廉·汤姆孙和 P. G. 泰特

来自人民，反哺人民

让·巴蒂斯特·约瑟夫·傅立叶 1768 年 3 月 21 日生于法国的欧塞尔，他是一个裁缝的儿子。8 岁时成为孤儿，一位热心慈善的太太收养了这个彬彬有礼、举止大方的小男孩，并认为这孩子能成就一番事业，只是她做梦也想不到他成就的事业有多么辉煌。过了几年，她便把傅立叶推荐给了欧塞尔的主教，主教又把傅立叶送进了当地本笃会办的军事学校。

傅立叶的才能很快便显现出来。他撰写的文章优美动人，充满鼓动人心的澎湃激情，巴黎许多教会都请他帮忙写布道，而那时他只有 12 岁。

进入青春期后，傅立叶变成了一个性格倔强、脾气暴躁的问题儿童，他活泼好动，总有用不完的精力。一次偶然的机会，傅立叶接触到了数学，然后他整个人像着了魔似的，立即变得安静沉稳。数学吸引了他全部的注意力。为了能有更多时间学习数学，他常常在别人都睡觉后，去厨房里收集蜡烛头，或者在学校里任何能找到蜡烛头的地方收集，然后在一张屏风后面的火炉边，如饥似渴地阅读数学——那里也便成了他的书房。

本笃会教士们说服这个年轻的天才选择教士作为职业，傅立叶进了圣伯努瓦修道院，成为一名见习修士。他的梦想是当一名军人，但是因为出身低微而得不到军官委任状，才不得不选择当一名教士。幸好，在他宣誓前，法国大革命爆发了，使他从教士的命运中解脱了出来。

他在欧塞尔的老朋友知道他有数学才华，便把他从修道院中接了出来，前往军事学校当了数学教授。每当同事们生病的时候，傅立叶就代替他们去上课，从物理学到古典文学，他信手拈来，什么都能教，而且教得比其他老师都好。

1789 年 12 月，傅立叶前往巴黎，将他关于数值方程解的研究论文递交给了科学院。这项工作超过了拉格朗日，至今仍然很有价值，在方程论的初级教材中都能够找到。不过，与傅立叶在数学物理学上取得的成就相比，它就显得没那么重要了，所以我们不再进一步探讨。数值方程始终是傅立叶毕生感兴趣的题目之一。

巴黎之行让傅立叶感受到了浓厚的革命氛围，回到欧塞尔后，他站到了人民的一边。他上街演讲，用他天生的口才激励人们起来反抗压迫。可是，浩浩荡荡的革命很快就被各个政党裹挟，陷入了革命恐怖时期。傅立叶不顾自身安危，到处奔走疾呼，抗议过度的暴行。恐怖笼罩之下迅速衍生了大量的无知，大批科学家被迫流亡，他们要么被押进运送死刑犯的押送车，要么逃亡国外。这种情形下，仅靠傅立叶一个人的大声疾呼，并不能改变什么。

一片混乱之中，还只是炮兵军官的拿破仑率先冷静地看出，没有目标的暴乱只会带来毁灭，其他什么都不会有。为了制止更多暴力和混乱发生，拿破仑下令鼓励开办学校。但是，教师匮乏。原本可以胜任职位的人要么逃跑了，要么掉了脑袋。现在急需训练一支 1500 人的教师队伍，傅立叶出面在欧塞尔招募了许多教师，以缓解教育人才不足的情况。

1794 年，高等师范学校成立了，傅立叶被聘为数学教授。这项任命开创了法国数学教学的新纪元。曾经的教授们上数学课，要求学生们死记硬背数学公式，拿着教材照本宣科，课堂上死气沉沉，毫无创造力可言。而在高等师范学校的课堂里，国民公会鼓励数学创造，禁止教师按照笔记讲课，要求教师上课时必须站着讲课，教师与学生之间可以自由讨论，但是教师必须制止无意义的辩论。这些措施的实施为法国的数学教学开辟了新时代，使法国数学和科学的发展迎来了最辉煌的时期。无论是在高等师范学校，还是在综合理工大学，傅立叶都表现出他无与伦比的教学天赋，他将追本溯源的方法和有趣的实际应用结合在一起，来阐明抽象的数学问题，令数学课堂充满活泼灵动的氛围。

1798 年，拿破仑让傅立叶加入了"文化军团"，与蒙日一起跟随他远征埃及。而当拿破仑不得不接受在埃及的开化失败，带着蒙日悄悄回到法国时，傅立叶不得不继续留在埃及。埃及大多数疆域被沙漠覆盖，所以昼夜温差极大。白天，烈日灼人，火焰般的温度烤得人皮肤发烫；夜晚，气温骤降，即便穿上厚厚的冬衣，仍然冻得人牙齿打战。傅立叶对这种热传导现象产生了强烈的兴趣，他的经典著作《热的解析理论》就这样萌芽了。

1802年1月2日，从埃及历经磨难返回法国的傅立叶，被任命为伊泽尔省省督，总部设在格勒诺布尔。这个地区当时正处在政治骚乱中，一切政务都被搁置，百废待兴。可该从什么地方着手呢？此时，格勒诺布尔的市民们正对学院的考古发现极为不满意，因为学院确定的一些古迹的年代，与《圣经》上的年代相互矛盾。于是，市民们决定在自己家乡附近进行考古挖掘和研究，结果找出了圣徒——神圣的皮埃尔·傅立叶。这位圣徒正是傅立叶的叔祖父，他曾经创立过一个宗教教派，因此被当地人当作圣徒供奉。就这样，傅立叶确立了在当地的威信，开始大刀阔斧地开展工作。他排干沼泽地的水，扑灭疟疾，普及教育，使伊泽尔地区摆脱了中世纪愚昧落后的局面。

论文之争

正是在格勒诺布尔，傅立叶将他在埃及钻研的热传导现象写成了《热的解析理论》。在解决两端温度保持不变、侧面绝热的圆柱棒热传导问题的时候，他得到一个偏微分方程。解这个方程时，他遇到把一个函数表示为三角级数的问题。经过简短的分析，他断言任何定义在（$-\pi$，π）上的函数都可以表示为三角级数。这个结论过于乐观和夸大，不过，的确有相当广泛的一类函数满足这个结论。这类函数在声学、光学、电动力学、热力学等领域大量存在。因此，把函数展成三角级数成为数学物理学问题中有普遍意义的方法。不仅如此，傅立叶级数对许多数学概念的发展和澄清也有重大作用。它结束了数学界关于函数是不是可以用三角级数表示的长期争论，推广了函数的概念。

1807年，傅立叶将这篇在数学物理学中具有里程碑意义的论文，提交给了法兰西科学院。负责评审论文的是拉格朗日、拉普拉斯和勒让德。在论文中，傅立叶坚持认为任意函数都可以展开为三角级数，而作为评审委员的拉格朗日坚决否定这种展开的可能性，所以虽然拉格朗日仅仅批评这篇论文缺乏严密性，但论文最终被拒绝了。不过，科学院认为这是一个值得深入研究的课题，并且高度评价作者大胆而创新的方法，鼓励傅立叶更加严密细致地梳理和发展自己的数学思想，同时把热传导的数学理论定为1812年科学院大奖的征文课题。1811年，傅立叶把修改以后的论文提交给科学院，并且赢得了大奖。评审委员会虽然认可了论文取得的重大成果，但仍对论文中明显缺乏的严密性提出了批评。因此，该文没有在科学院的《报告》上刊登。这一遭遇大大刺伤了傅立叶的自尊心。10年后，傅立叶成为科学院的终身秘书，他利用这个机会，把自己1811年的论文原封不动地发表在了《报告》里。

对待傅立叶的论文的态度反映出纯粹数学家和数学物理学家风格的不同。应该说，对推理严密性的要求是必要的，这是一个完善的理论的重要标志。但是，对新诞生的理论过于"吹毛求疵"，不但不能促使它完善，反而可能扼杀它的成长。实际上，拉格朗日曾经发现过傅立叶定理的特例，可是要得到普遍性的结果并且给予严密的论证，就不是那么容易了。正是这些困难使拉格朗日止步不前。纯粹数学家的这种"保守"态度妨碍了他们直接对科学发现做出重大贡献。当然,他们提供的数学工具对科学家的发现是重要的,甚至是必不可少的。其实,纯粹数学家在数学研究中同样反对一味追求精确和严谨,而是提倡创造性的想象,也不排斥像伟大诗篇和音乐所具有的那种"松散"。正是在这个意义上,英国著名科学家开尔文勋爵(威廉·汤姆孙)将傅立叶的著作称为"伟大的数学诗篇"。

法国数学家、哲学家庞加莱认为傅立叶在三角函数上取得的成果有三个方面的意义:第一,他不仅提供了一个很美妙的数学工具,还引出了对纯数学严格性问题的深入讨论,最终确定了纯数学严格性的范畴;第二,在物理学方面,他提供了一个用数学方法分析物理现象的新颖思路;第三,他把数学和物理问题巧妙结合在一起,所使用的这样一套分析方法,对后世的科学有很大的启发。

为"热"献身

1815 年 3 月 1 日,已经退位的拿破仑率领一支卫队,离开了放逐他的厄尔巴岛,在法国南部戛纳登陆。这时候傅立叶仍在格勒诺布尔,波旁王朝已经复辟,但法国摆脱了战争的阴霾,人们处于短暂的和平生活中。傅立叶希望保持这种和平状态,因此他宣誓效忠了路易十八。所以,在得到拿破仑归来的消息时,他急忙赶到里昂,通知了波旁王室。可惜的是,王室的人并不相信傅立叶的话。在返回途中，傅立叶得知格勒诺布尔已经向拿破仑投降了，他在布古万被军队俘虏，随即被带到拿破仑面前。拿破仑手里正拿着一个圆规，俯身查看一幅地图，他抬起头来对傅立叶说："喂，省督先生！你也向我宣战啦？"

"陛下，"傅立叶喃喃地说，"我的宣誓使我有责任这样做。"

"责任？难道你没看见全国没有一个人同意你的看法？不要以为你的作战计划会吓倒我。真正让我难受的是，我的对手竟然是曾经与我一起征战埃及、风餐露宿的老战友。还有，傅立叶先生，你怎么能忘记你之所以有今天，全是因为我对你的栽培？"

幸好蒙日及时规劝拿破仑对倒戈者们从宽处理，拿破仑本身对知识分子的崇敬之情也令他不再计较傅立叶的行为。几天后，他又把傅立叶找来，问："你认为我的计划怎样？"

"陛下，我认为您会失败。您会在路上遇到一些狂热的崇拜者，仅此而已。您什么都得不到。"

"哼！没有人拥护波旁王朝——一个人也没有。至于失败嘛，你已经从报纸上看到，他们把我驱逐出法国了。我比他们要更加宽容，我只满足于把他们驱逐出杜伊勒里宫！"

事实证明，拿破仑高估了自己。波旁王朝第二次复辟了，这让傅立叶陷入了困境。他在巴黎开始典当财物，以维持窘迫的生计。好在他的老朋友们施以援手，帮他在塞纳省找到了统计局局长的差使。

1816 年，法兰西科学院打算选举他为科学院院士。但是波旁政府下令，曾经效忠于拿破仑的人不配拥有这项荣誉。科学院这次没有屈服，坚持自己的意见，第二年傅立叶被选为院士。相比蒙日，波旁王朝对傅立叶要宽宏大量得多，科学院也要硬气得多。

1820年，傅立叶继续热传导的研究。他计算出，一个物体如果有地球那样的大小，并且到太阳的距离和地球到太阳的距离一样，在只考虑入射太阳辐射的加热效应的情况下，那它应该比地球实际的温度更低。他检查了其他观察到的可能的热源文章，并在1824年和1827年就这个问题发表了文章。虽然傅立叶最终提议，星际辐射可能占了其他热源的一大部分，但他也考虑到另一种可能性：地球的大气层可能是一种隔热体。这种看法被公认为现在广为人知的"温室效应"中的第一项提议。傅立叶在他的文章中提到了一个实验：在软木中插入几个透明玻璃，借由间隔的空气分离。正午的阳光通过透明玻璃的顶部射入，隔离在玻璃内部的气温变得更高。通过这个实验，傅立叶认为气体在大气中可形成稳定的屏障。

1822年，傅立叶成为科学院的终身秘书。他开始把晚年时光荒废在夸夸其谈中，更糟糕的是，他总能找到听众。可是他原本不需要自吹自擂，由他创造的傅立叶级数和极具启发意义的傅立叶积分，足以令他在科学史上永垂不朽。

在埃及的经历，以及对热传导的持续研究，让傅立叶养成了一种奇怪的习惯。他开始认为沙漠的炎热是对健康最理想的条件，并对自己实施"热治疗"。他把自己像木乃伊似的裹起来，住在像实验中那样的房子里。来拜访他的朋友们说，屋里比地狱和撒哈拉沙漠加在一起还要热。

1830年5月16日，傅立叶因心脏病（有人说是动脉瘤）去世，享年63岁。

4
彭赛列
Jean–Victor Poncelet

射影几何以最大的简便为我们打开了科学中的新领
域，它恰如其分地被称为通往独特知识领域的最佳
道路。

——费利克斯·克莱因

吉恩－维克托·蓬斯莱·彭赛列 1788 年 7 月 1 日出生于法国摩泽尔省的梅斯。他在拿破仑远征俄国时被俘，在严冬气候中长途跋涉了近 5 个月，又在监狱中被关了一年半。著名的射影几何学就诞生在俄国的狱中，彭赛列也被称为"监狱里的几何学家"。

　　1812 年，当拿破仑·波拿巴率领 60 万大军向俄国进军时，法国士兵们一路高歌《马赛曲》，所向披靡，俄国广袤的土地上回荡着激动人心的歌声。《马赛曲》在第一次世界大战的战场上，再次显现了它的神奇作用。当法国军队数次被德军逼至绝境时，最高司令官命令一群歌女披上法国三色旗，在筋疲力尽的士兵面前高歌这首《马赛曲》，法国军队最终坚持到了胜利的那一刻。然而，倔强的俄国人从不会轻易被人征服，无论是拿破仑，还是希特勒，都在品尝到了胜利的甜头后，惨遭失败。

　　拿破仑相继获得了斯摩棱斯克战役、瓦卢蒂诺战役、维捷布斯克战役的胜利，俄国军队变得一触即溃。拿破仑没有碰到任何反抗，挥军直指莫斯科，他甚至命令沙皇马上让所有俄国军队无条件投降。

出乎意料的是，军队的溃退并不代表俄国人投降了。莫斯科的居民们在市长带领下，坚壁清野，一把大火烧毁了他们的城市。这让骄傲轻敌的拿破仑措手不及，他和士兵们在熊熊烈火中无处藏身。西伯利亚令人绝望的寒冬又重创了法军。拿破仑的一意孤行终于印证了那句俗语——动用刀剑者，必死于刀剑之下。由于法军物资补给不足、兵力分散、遭遇大火及天灾等，俄军迎来了反击之机。拿破仑抛弃了他的军队，独自逃跑了，任由几十万法军在西伯利亚平原上自生自灭。

在被抛弃的法国军队中，有一个年轻的工程军官叫吉恩－维克托·蓬斯莱·彭赛列，他曾在巴黎综合理工大学学习，后来在梅斯的军事学院任工程教官。在学校里，蒙日和另一名法国数学家拉扎尔·卡诺对彭赛列有非常大的启发。前者发明了画法几何，后者的《位置几何学》更是"把几何从分析的难解符号中解放出来"。这让彭赛列对几何产生了浓厚的兴趣，并积累了丰富的数学基础知识。而这些知识帮助他在那次莫斯科溃败中找到了生存的意义，支撑着他重新回到法国，并开创了属于他的数学世界。

现在，让我们重新回到莫斯科的战场上。1812 年 12 月 18日，被拿破仑抛下的内伊元帅带领法军残部，在克拉斯诺伊吃了败仗。彭赛列被误当作战死的士兵丢在了战场上。俄军带人清理战场时发现他还活着，他那身工程军官制服救了他一命，他被带到俄军本部审问。

作为一个战俘，年轻的彭赛列穿着他那破烂又单薄的制服，由俄军押送，被迫徒步越过冰封的平原，仅依靠一点配给的黑面包维持生命，历经近 5 个月长途跋涉才到达目的地。当时俄国正值严冬，室外的温度低得连温度计上的水银柱都被冻得生硬，很多法国战俘冻死、饿死在路上，彭赛列凭借强健的体格走完了全程。

1813 年 3 月，彭赛列被关进了伏尔加河畔的萨拉托夫监狱。刚开始，他疲惫得无法进行思考，直到 4 月的灿烂阳光给他带来温暖，填补了他身体的巨大消耗。活力重新回到彭赛列身上，他记起自己曾经接受过良好的数学教育。为了使艰难的监狱生活稍微好过一点，他决定尽可能多地把学过的数学知识写出来。

彭赛列准备书写数学知识的时候没有书，连纸和笔这些基本的书写工具都十分稀有。据说，他只能从牢房里的小火盆里捡出几块快烧完的木炭当作画笔，在墙上画出几何图形。这时，彭赛列发现：他只记得数学的基本原理，那些推导公式的所有细节和复杂的展开过程统统忘记了。于是，他不得不自己重新推导这些公式，从而得出了一些新成果。这就是彭赛列创造射影几何的开端。

彭赛列没有独享数学带来的无穷乐趣，他训练了同为俘虏的法国军官们。彭赛列在回忆起所知道的全部数学知识后，辅导了跟他关在一起的军官们，如果他们还能再回到法国，就必须参加跟数学有关的考试。这些工作令彭赛列度过了凄苦艰难的牢狱岁月。

1814 年 9 月，彭赛列得到了释放。他回到了法国，身上带着在萨拉托夫监狱里写的 7 本笔记手稿。经过多年整理，彭赛列将他在战俘营研究的材料写成了《论图形的射影性质》，并于 1822 年出版。这部著作令射影几何自 17 世纪由德萨格和帕斯卡开创以来，有了最强有力的发展，在 19 世纪掀起巨大浪潮，推动了射影几何、现代综合几何的发展。

他采用了中心投影，即从一个点投影，并把它提高成为研究几何问题的一种方法。在他的工作中，有三个主导性观念。

第一个主导性观念是透射的图形。如果一个图形能从另一个图形经过一次投射与截影或一串投射与截影得出，则两个图形是透射的。

第二个主导性观念就是连续性原理。在该书中他写道："如果一个图形从另一个图形经过连续的变化得出，而且后者与前者同样地一般，那么马上可以断定，第一个图形的任何性质，第二个图形也具有。"对此，他在该书中做了大胆的应用，证明了许多定理，并用它来讨论虚图形。至于这一原理的真实性，彭赛列能够从代数上证明，但他坚持认为这并无必要。

他的第三个主导性观念是关于圆锥曲线的极点和极线的概念。彭赛列在研究圆锥曲线的配极过程中已充分确定了对偶原理，并认为配极关系是这一原理成立的主要原因。

射影几何中还有一个非常重要的概念——交比，这是通过研究图形经过任意中心射影的不变性提出的概念。彭赛列引进"无穷远"元素，并且做了系统的发展。他还研究了二次曲线和曲面的配极理论，并由此导出一般的对偶原理。此外，他直观地讨论了一类图形在一定范围内连续变动时所保持的性质，并应用于虚元素。

此后，彭赛列的生命中就只有两件事：一件是继续为他开创的射影几何开拓新的应用方法；另一件就是投身于琐碎繁重的世俗事务。作为一名军事工程师，彭赛列没有忘记他身为军人的责任和使命。他乐意通过其他方式为数学做贡献，如在梅斯创立一所实用机械学的学校，在综合理工大学改革数学教育。他也坚持领受任务，去法国各地检查纱厂、丝厂和亚麻布工厂，撰写防御工事的报告，负责国防委员会的文书工作，肩负起伦敦和巴黎的国际博览会机械部的日常事务。他游走在数学学术研究和令人心烦意乱的工作之间，能够支撑他在两者之间自由切换的动力，是他在零下 40℃的冰原上徒步跋涉的健壮体格，更是他直到 79岁仍保持创造力的无穷智慧。

彭赛列没有推脱任何一项工作，因为他知道，唯有他具备完成这些工作的全部才能。他不像生活在象牙塔中的知识分子，固执地认为纯数学研究不能和工业生产结合在一起，否则会亵渎数学的神圣性。彭赛列是一个务实主义者，他像法国微生物学家、化学家巴斯德那样，认为解决啤酒变质、蚕和人类的疾病这些问题，同样对社会有巨大贡献。

事实证明，彭赛列的实践活动也推动了科学的发展。他是最早把运动学作为理论力学的独立部分在课堂上进行讲授的人，他还是第一个提出"功"的概念的人。1826 年，他在《机器应用力学》中首次把位移与力的投影之积称为"功"，以千克力·米为单位，并指出"产生运动变化各个力的元功和从这变化中产生的惯性力的元功，两者之和总为零"。功的概念则通过泊松的著作《力学教程》得到了传播。

彭赛列在工程实践中运用力学的原理分析机器的各个运动部件，改进了涡轮机、水轮机，1838 年制成内向流涡轮机。从俄国回来时，彭赛列还带回了算盘，虽然中世纪的时候西方也用这种算盘，但是后来就废而不用了，导致人们渐渐遗忘了这个计算工具。彭赛列再将其带回法国时，它还被当成了新奇玩意儿。由于工作中时常接触军事工程，彭赛列在 1827 到 1829 年间写成了《工匠工人用实用力学》。他对科学的不懈贡献没有被人忽视，法兰西科学院在 1831 年选举彭赛列作为拉普拉斯的继任者，但出于政治上的原因，彭赛列在 3 年之后才接受了这项荣誉。

1867 年 12 月 22 日，彭赛列卒于巴黎。

Men of Mathematics

5
高斯
Carl Friedrich Gauss

系统算术的进一步精炼和发展，就如 19 世纪的数学以创新科学思想产生的每一件东西那样，都是与高斯密切结合在一起的。

——利奥波德·克罗内克

在数学史上，阿基米德、牛顿和高斯三人并驾齐驱。他们都在纯数学和应用数学方面掀起了创新的浪潮，开创了由数学统治的崭新时代。试图将三人按照功绩排列位置，非常不切实际，但是三人也有明显的不同之处：阿基米德的纯数学理论高于它的应用；牛顿将他在数学上的发明普遍应用在了其他科学门类上；高斯则宣称，无论是纯数学还是应用数学，他都一视同仁。

高斯出身卑微，却显示出无与伦比的早慧和惊人的天赋。他12岁时开始怀疑欧几里得几何学中的基础证明；16岁时，预测在欧氏几何之外必然会产生一门完全不同的几何学，即非欧几里得几何学；18岁时，他进入格丁根大学学习。高斯的数学在所有分支中取得的重大进展数不胜数，由于他在数学上的才华和伟大成就，人们称他为"数学王子"。高斯的《算术研究》将数论作为一门学科从代数和几何的夹缝里独立出来，他的野心是继续完善数学体系，而谷神星的出现将他带入了人生第二个阶段。拿破仑发起的战争打破了他原本平静安宁的生活。高斯在数学所有分支上都做出了不可磨灭的贡献。

早慧的高斯和他的家人们

1777 年 4 月 30 日，在德意志不伦瑞克一个简陋的村舍里，约翰·卡尔·弗里德里希·高斯降生了。他的祖父是一个贫穷的农民，于 1740 年迁至不伦瑞克定居，当了一名园丁，这并没有改变他生活贫困的窘况。祖父有 3 个儿子，第二个儿子格哈德·迪德里希于 1744 年出生，他就是高斯的父亲。格哈德一生作为园丁、水渠管理人和砌砖工人艰苦地劳动着，除了"'数学王子'的父亲"这个花哨的头衔，他就是个普通人。

格哈德正直、诚实，但言语粗俗，举止笨拙。不过对一个从未接受过正式教育、终生生活在社会底层的人来说，这都很正常。他身上也闪现着许多美好的品质，诚实和坚持不懈的努力让格哈德摆脱了极度贫困，他的日子能比父辈过得稍微舒适一些，不过也就仅限于此了。由于受到见识和生活圈子的限制，格哈德不能理解儿子高斯的天赋，于是竭尽全力阻挠高斯得到与他的能力相匹配的教育。如果格哈德成功了，那天赋异禀的高斯就得继承家族从祖辈开始的某个职业，比如成为一名园丁或砌砖工人。孩童时代的高斯恭敬顺从，虽然成年后他从没有指责过父亲对他的阻挠，但也坦率地表示父亲从来没有真正爱过他。这大概就是家庭教育缺失造成的悲剧。

高斯最初的幸运来自母亲那边的血脉。母亲名叫多罗特娅·本茨，她的父亲是一个石匠，30 岁就死于肺结核病——这是石匠这个行业给健康带来的损害。多罗特娅还有一个弟弟弗里德里希。1769 年，多罗特娅移居不伦瑞克，并在 7 年后嫁给了格哈德，第二年她便生下了高斯。

高斯的天才遗传因子在舅舅弗里德里希身上看到了影子。弗里德里希为了生计，被迫当了一名纺织工人。但他凭借自己的聪明和天分，迅速掌握了纺织技巧，能够织出当时最好的锦缎，这让弗里德里希在纺织行业声名鹊起。当他发现姐姐的孩子也有着与众不同的天才头脑时，他便在高斯身上倾注了大量心血，以唤起高斯敏捷的逻辑思维。

为此，弗里德里希给小外甥买了许多书。小高斯一下子就被书里各种各样的故事迷住了，他如饥似渴地读着里面的文字。每当这时，父亲格哈德就会觉得没有意义：读书再好又能怎么样呢？还不是像弗里德里希那样，当个辛苦的纺织工？高斯长大了也得靠卖苦力为生。所以，父亲每天不等天黑就早早催促儿子去睡觉，以便节省一点煤油钱。小高斯便将芜菁的内部挖空，里面塞入棉布卷，在上床之后当成灯使用，以便继续读书。

年幼的高斯可能并不知道舅舅这么做的目的是什么，但他有一种堪比照相机的超强记忆力，能终生清晰地保持着年幼时期的各种印象。长大成人后，高斯仍能记起弗里德里希为他做的一切，对于舅舅的早逝，高斯悲伤地认为"我们失去了一个天才"。关于舅舅，高斯在母亲那里得到了一丝安慰，多罗特娅将弟弟的名字加到了儿子的名字里。高斯成名后，在自己的杰作上签下了简化后的名字"卡尔·弗里德里希·高斯"，他通过这种方式让同样天赋异禀的舅舅跟他一起名垂千古。

高斯的母亲是一个性格坚强、聪明、富于幽默感，并且坦率的妇女。从高斯出生那天起，到她本人 97 岁逝世，多罗特娅始终以儿子为傲。在高斯展现出惊人的智慧之初，多罗特娅就坚定地站在儿子这边对抗固执的丈夫，最终成功阻止儿子变得像丈夫那样无知。

多罗特娅希望她的儿子能做出伟大的事，成为伟大的人。同时，她又有些怀疑自己的梦想是否能够成真，为此她询问了高斯的数学家朋友沃尔夫冈·鲍耶："高斯这孩子，能成为什么样的人呢？"

鲍耶喊道："他能成为欧洲最伟大的数学家！"

多罗特娅激动得哭了。其实，高斯并不在乎名气，但他理解母亲的心境，便把自己的成功当作母亲生活的支柱。多罗特娅生命中的最后22年是在儿子家里度过的，最后4年她完全失明了。高斯亲自照顾母亲，不让任何人插手，哪怕她后来长期患病，高斯也没有放弃对母亲无微不至的照顾。算是报答母亲对幼年时的他的勇敢保护，高斯给了母亲一个安宁的晚年。

除了父亲对高斯的教育的百般阻挠，幼年时期的另一件事也差点令这位"数学王子"早早夭折。有一年春天，家乡发了大水，高斯家农舍旁边有一条水渠大水泛滥。当时，高斯正在水边玩耍，湍急的水流令他一时之间慌张无措。幸好这时一名工人路过，急忙抱起幼小的高斯，逃离水渠，才避免了一场灾难的发生。

纵观整个数学史，鲜有人像高斯这样显现出早慧。无论是阿基米德，还是牛顿，人们都不曾注意他们在幼年时期展现出了什么数学才能。而高斯在3岁时就表现出了他的才能。

在某个星期六，格哈德·高斯正在给工人计算一周的工钱，谁也没有注意到3岁的小高斯在一旁跟着爸爸一起专心致志地计算。等到格哈德终于快要结束这冗长的计算时，小高斯忽然用稚嫩的童声喊道："爸爸，算错了，应该是……"

格哈德经过又一轮的核对账单，结果发现高斯算对了。高斯在学会说话不久后，就自己学会了读书，数字1、2、3等的含义，他应该也能通过大人们的谈话弄懂，但是没有人教过他算术。高斯晚年时喜欢开玩笑说，他在会说话以前就知道怎样数数了。玩笑归玩笑，但高斯的确终生保持着心算复杂问题的习惯。

7岁时，高斯首次迈入学校的大门。这所学校是中世纪的封建残余，管理者叫比特纳，他教育孩子们的方法只有一个——用教鞭把他们打到会为止。这种方法除了恐惧，孩子们什么都学不到。高斯却在这个地狱般恐怖的学校里交到了好运。

10岁那年，高斯开始上算术课。这是一门新课，在此之前孩子们都没有听说过"累加"这个专业名词。比纳特在黑板上写下了一道题目：81297+81495+81693+…+100899。对于具备数学基础能力的成年人，几秒钟就能通过这一长串的式子找到对应的公式，然后再根据公式计算出这道加法题。这是一道等差数列的加法问题：前一个数字与后一个数字之间的增加值始终相同，都是198，给定的项有100项。把这100个增加值相同的数字相加，对10岁的孩子来说十分困难。

比特纳的规矩是：先算出答案的孩子把他的石板放在桌子上，第二个完成的孩子把石板放在第一个的上面，以此类推。就在比特纳刚刚把这道题念完的时候，高斯就把他的石板搁在了桌子上，他说："它放在那儿了。"剩下的时间里，高斯就叉着手坐在那里，等着其他孩子抓耳挠腮、愁眉苦脸地算题。比特纳起初对他的行为十分鄙夷，心想：班上这个年纪最小的孩子准又是一个笨蛋。时间到了，比纳特检查了高斯的石板，上面只有一个数字——那道题的正确答案，而其他孩子都算错了。没有人教过高斯怎样快速做出这类题目，尽管它的方法简单又平常。对一个10岁的孩子来说，只依靠自己的力量发现其中的规律简直不可思议。

比特纳的震惊程度可想而知。他迅速转变了自己的教学态度，至少对高斯来说，他变成了一位仁慈的教师。他自己掏腰包买来能找到的最好的算术课本，把它送给高斯，不料这孩子很快就读完了这本书，看起来比读小说更加容易。比特纳只得挠挠头说："他超过我了，我没有办法教给他更多的东西了。"

幸运的是，比特纳有一个助手，叫约翰·马丁·巴特尔斯，他是一个非常喜欢数学的年轻人，他在学校里的职责是给刚学习写字的孩子们削鹅毛笔。这个17岁的助手和那个10岁的孩子之间产生了真挚的友谊，他们一起学习，一起解答各种各样的数学难题，一起详细阐述了代数和分析的入门级教科书上的证明。直到巴特尔斯逝世，他和高斯都是最亲密的朋友。

从二项式定理开始

在高斯和巴特尔斯早期的友谊中，高斯掌握了二项式定理。在中学代数里，我们将会学习到二项式定理。

$$（1+x）^1=1+x$$

$$（1+x）^2=1+2x+x^2$$

$$（1+x）^3=1+3x+3x^2+x^3$$

…………

$$(1+x)^n=1+\frac{n}{1}x+\frac{n（n-1）}{1\cdot 2}x^2+\frac{n（n-1）（n-2）}{1\cdot 2\cdot 3}x^3+\cdots$$

其中 n 是正整数。如果 n 不是正整数，右边就是无限多项，这时要使等式成立，x 和 n 必须有一定的限制，否则就会出现荒谬的结果。例如，假如 x=−2，n=−1，左边就是（1−2）$^{-1}$，等于 −1；右边则是 $1+2+2^2+2^3+\cdots$，那么这个等式就变成了"−1"等于"无穷大"，这当然是不可能的。

高斯之前的数学家已经发现了这种谬误，比如欧拉。但是他们都没有花费功夫去研究和解决这个问题，即在无穷级数的运算中应该施加些什么限制。他们过于追求那些显而易见的辉煌成就，忍不住不断扩大数学在应用方面的战果，而放弃了公式推理的严密性。现在，高斯发现并抓住了二项式定理的这个荒谬结论，只有把二项式定理适用的条件明确指出来，这个公式才算是严密的。他不满意和巴特尔斯在书里找到的证明过程，像"−1等于无穷大"这种证明，根本称不上证明。他开始尝试着进入数学分析的领域，而无穷过程正是分析的精髓。从二项式定理的严密工作开始，高斯被公认为现代数学中第一个严格证明论者，他对分析的严密性要求逐渐影响到了整个数学界。高斯和他同时代的数学家们，如阿贝尔、柯西，以及后继者魏尔斯特拉斯、戴德金等人，完全不同于牛顿、欧拉和拉格朗日等人。

从对数学的积极意义上来说，高斯是一个革命者。在学校接受完教育之前，他不满足于只对二项式定理发起批判，12 岁时，他开始用怀疑的眼光看待欧几里得的几何基础；16 岁，他意识到欧氏几何之外必然会产生一门完全不同的几何学——非欧几里得几何学；17 岁，他开始探索性地批判数论中那些让数学前辈们感到满意的证明，并积极填补、完成这些半成品。高等算术是他最早获得成功的领域，也是后来他所喜爱的研究领域和发表巨著的阵地。高斯对什么是证明的本质具有明确的感知，他也具备无人超越的、超强的数学创造能力。他将这二者结合在一起，形成了坚不可摧的力量。

求学路上的闪烁光芒

巴特尔斯不仅是高斯探索代数奥秘的同行者，还为他做了许多数学之外的事情。从助教升为教师之后，巴特尔斯认识了不伦瑞克一些有权势的人物，他总是想尽办法让这些人发现高斯，了解高斯非凡的天赋，他们也的确对高斯留下了很好的印象。但只有印象还不够，巴特尔斯努力为高斯打造良好的名声，终于引起了不伦瑞克公爵卡尔·威廉·斐迪南的注意。

1791 年，公爵第一次接见了年仅 14 岁的高斯。这孩子超越凡人的才智与他朴实、略带不安的羞涩形成了鲜明对比，这让公爵对他更加感兴趣，并且引发了公爵的怜悯之心。1792 年，公爵将他送进了不伦瑞克的卡罗林学院，并为他全额支付了学费，直到他完成学业。

在进入卡罗林学院之前，高斯已经通过自学和巴特尔斯的帮助，在古典语言这门课程上取得了很大的进步。这让始终挣扎在贫困线上的父亲非常不满意，他觉得学习古典语言对于改变家里贫穷的现状一点用都没有，于是开始阻止高斯继续去读书。多罗特娅为儿子竭力争取，并取得了胜利。除了支付学费，公爵还为高斯这3年的学习提供了津贴，他的付出是有回报的。高斯闪电般快速地精通了古典语言，进入大学时他就已经熟练掌握了拉丁文，他的许多伟大著作都是用拉丁文写成的。

高斯对古典语言的热爱很快就受到了冲击。在历经法国大革命和拿破仑垮台的洗礼之后，一股民族主义浪潮横扫欧洲大陆，当时的风气是科学工作者们除了自己习惯用的语言，要再掌握两到三种语言，并达到能够阅读、书写的水平。高斯努力抵制，但是当他在德国天文学界的朋友们催促他赶快用德文写相关著作时，他无奈地让步了。

在卡罗林学院的3年里，高斯受到了哲学研究的诱惑，而数学以独特的魅力深深吸引着他。高斯学习并掌握了欧拉、拉格朗日的著作的内容，并精心阅读了牛顿的《自然哲学的数学原理》。17岁的少年对欧拉、拉普拉斯、拉格朗日、勒让德等人的评价词都是"辉煌的"，对牛顿则用了"至高的"。足以见得，他从内心深处深认可牛顿对科学的伟大贡献。

1795年10月，18岁的高斯进入了格丁根大学，此时他还没有完全确定自己的人生到底该走向何方：是哲学，还是数学？高斯的大脑先于他的思想为他做出了决断。自17岁起，高斯就在思索一个算术初学者们经常自我提问的问题：循环小数的每一周期究竟有多少个数字？为了找到问题的线索，高斯计算了当 n 等于 1 到 1000 时，所有 $\frac{1}{n}$ 的小数值。他没有找到原本想要的线索，却发现了另一样伟大的东西——二次互反律。它是经典数论中的定理之一，被认为是 18 世纪数论中最重要的定理。1795 年，高斯独立发现了这个定理，并且第一个做出严格的证明，随后高斯又给出了另外 5 个证明，他将二次互反律称为"算术的瑰宝""黄金定理"。

要理解二次互反律，就要理解"同余"。所谓同余，是指给定一个正整数 m，如果两个整数 a 和 b 满足 a-b 能够被 m 整除，即 $\frac{(a-b)}{m}$ 得到一个整数，那么就称整数 a 与 b 对模 m 同余，用符号表示为 a ≡ b(mod m)。如果存在一个 x，使 x^2 ≡ r(mod m) 成立，就称 x^2 ≡ r(mod m) 可解，或 r 为 m 的二次剩余。其中 x 是未知整数，r、m 是已知的，且 r 不能被 m 整除。例如 x^2 ≡ r(mod l7) 可解，但 x^2 ≡ 5(mod l3) 无解。理解了同余的概念，再来假设 p、q 都是素数时，下面这对同余式中存在美妙的"互反"：x^2=q(mod p)，x^2=p(mod q)。当 p、q 被 4 除，余数等于 3 时，一个同余式可解，另一个同余式无解。除此以外，这两个同余式要么都可解，要么都无解。这就是二次互反律。

同余问题起源于公元 972 年，有人在一份阿拉伯手稿中提出了这样一个问题：一个正整数 n 何时能成为一个由三个有理平方数形成的等差数列的公差，也就是说 x-n、x、x+n 都是平方数；13 世纪，意大利数学家斐波那契指出 5 和 7 是同余数，他也猜想 1、2、3 不是同余数，但未能给出证明；直到 1659

年，法国大数学家费马运用他自己发明的无穷下降法证明了1、2、3不是同余数；18世纪，瑞士大数学家欧拉首次用归纳法证明了7是同余数；1785年，法国数学家勒让德宣布自己证明了这一定理，并且先后给出了两个证明，可惜他在证明中回避了一些重要的难点。

要证明二次互反律并不容易，就连欧拉和勒让德都失败了。19岁的高斯给出了它的第一个证明，但其余5个证明就连天才高斯也是努力了很多年才做出来的。继高斯之后，雅可比、柯西、刘维尔、克罗内克、弗罗贝纽斯等也相继给出了新的证明。至今，二次互反律已有超过200个不同的证明。

对于这样重要的定理，有一个证明并不能使高斯满足。对某一定理给予各种不同的证明是高斯研究上的一大特点。他认为"绝不能以为"获得一个证明以后"研究便告结束，或把寻找另外的证明当作多余的奢侈品"，因为"有时候，你一开始未能得到一个最简单、最美妙的证明，但正是这样的证明才能深入到高等算术真理的奇妙联系中去。这是我们继续研究的动力，并且最能使我们有所发现"。

正十七边形

1796年3月30日是一个值得纪念的伟大日子，这是高斯一生的转折点，这一天距他19岁生日正好还有一个月，高斯义无反顾地投入了数学的怀抱，成为历史上第一个用直尺和圆规画出正十七边形的人。

用直尺、圆规作正多边形的历史有 2000 多年。在古希腊时代，几何学家们认为，要使概念简单明确，不互相矛盾，必须证明它是存在的。欧几里得几何的公设承认直线和圆存在。它们分别由直尺和圆规作出，因此古典几何学家们认为，从"严密性"出发，任何图形只有当它能用直尺、圆规作出的时候才能得到承认。这种古怪的见解，算是古希腊奴隶社会的产物。在当时，作为奴隶的角斗士们要在角斗场上手刃对手来求得生存；而那些养尊处优的贵族和奴隶主则在同对手的辩论中赢得地位和声誉。因此，辩论术成为一门重要的学问，它的核心就是逻辑的严密性。虽然几何学起源于劳动人民的生产生活，但实际有能力研究它的只能是贵族学者，他们对几何在逻辑上的"完美性"比对几何在生产中的实用性更感兴趣。因此，用直尺、圆规作正多边形对古希腊人是一种偏执的"严密"。

欧几里得使用直尺、圆规可以作正三角形、正四边形、正五边形、正十五边形，以及通过反复二等分这些正多边形的边所得的一系列正多边形。例如由正三角形通过二等分边可以得到正六边形，再得到正十二边形。于是，相关问题就产生了：能不能用直尺、圆规作正七边形、正九边形、正十一边形、正十三边形、正十七边形或正十九边形呢？如果能，又该怎么作呢？

今天，我们可以在中学课本里学到用直尺、圆规作某个图的办法，画个正十七边形似乎也没有那么难。然而，在这些办法诞生之前，历史上的几何学家为此倾注了无数心血，均以失败告终。直到正十七边形遇到了高斯。

高斯认真总结了前人的失败教训，发现他们大都采用的是几何的方法。这时候他还在研究二次互反律的问题。通过反复尝试，他意外地发现，解决这个难题的线索可以在代数里找到。他巧妙地将尺规作图的几何问题化为一个代数方程，然后通过这个方程的整数解来确定哪些正多边形可以由尺规作出。为此，高斯做出了把几何学的问题转移到代数学领域来解决的第一个杰出例子。高斯在后来的研究中多次采用这类方法。他证明了：使用直尺、圆规所能作出的边数为奇数的正多边形，它的边数必定是费马素数或不同费马素数的乘积。这就是说，可以用尺规作出边数是3、5、17、257、65537……或者边数是它们的乘积的正多边形，但是不能作正七、九、十一、十三或十九边形。因此对那些不可能用直尺、圆规作出的正多边形，人们就无须再虚掷时光。谁会想到抽象的费马素数同几何竟有这样有趣的联系？！根据这条线索，高斯最后成功地用直尺、圆规作出了正十七边形。这样，困扰了几何学家2000多年的大难题终于由这位年仅19岁的德国青年给出了完满的解答。正十七边形的完整作法只需要一页篇幅，正257边形的尺规作图要占用80张纸，而后来数学家盖尔美斯按照高斯方法作出的正65537边形的手稿要占据整整一只手提箱！这份手稿至今仍保存在格丁根大学的图书馆里。

　　这次成功鼓舞了高斯，他选择了数学，而把哲学当作他终身的爱好。哲学遗憾地错失了一位大师，数学却迎来了一位"王子"。在高斯逝世后，人们为他建起一尊以正十七边形棱柱为底座的纪念像，以纪念这非凡的成就。

高斯的日记本

即便是天才，高斯的成就也并非一蹴而就，他付出了艰苦的努力和辛勤的劳动。每当有全新的发现，他就会记录在自己的日记本上。然而，除了高斯自己，谁也没有看到过里面的内容。直到 1898 年，高斯去世后 43 年，这本日记才在科学界传播开来。它由 19 张小 8 开纸组成，包括 146 个发现或计算结果的极简短的说明，最后一个说明的日期是 1814 年 7 月 9 日。这本日记是格丁根皇家学会从高斯的一个孙子手里借来的。在进行鉴定研究后，1917 年，日记的复制件被发表在高斯著作集的第 10 卷（第一编）中，和它一起发表的还有几位数学专家对它的内容做出的详尽分析。

1796 年至 1814 年是高斯的多产期，日记里记录的内容并没有囊括他在这期间的所有发现。但是，许多匆忙记录下来的点滴，足以确定高斯在数学很多领域中拥有优先权，比如说椭圆函数。当日记发表后，跟高斯同时代的人震惊地发现高斯竟然在这些领域走得那么远。更加令人惊叹的是，高斯当时发现了这些内容，并没有立即发表，而是一直让它们深埋在日记中。这些被隐藏了几年或几十年的东西，如果在当时立即发表的话，高斯的声誉会提到前所未有的高度。让人更加钦佩的是，高斯生前没有发表的内容，如果有人在他之前发表了，他也从未说过自己领先于他们。

那么，高斯的日记里藏着的秘密有多么领先呢？1796 年 7 月 10 日的日记里记着这样一小段话：EYPHKA！

num=△+△+△。这是在模仿阿基米德欢呼"Eureka（尤里卡）!"这简短的、几乎让人难以理解的内容，指的是高斯当时发现了"每个正整数是 3 个三角形数的和"。

三角形数的数列是 0，1，3，6，10，15，……其中 0 以后的每一个数字都具有 $\frac{n(n+1)}{2}$ 的表达形式，在这里，n 是任意正整数。另外一种说法是，每一个形式为 8n+3 的数都是三个奇数平方的和，即 $3=1^2+1^2+1^2$，$11=1^2+1^2+3^2$，$19=1^2+3^2+3^2$，等等。现在我们知道了它的存在，但在当时，想证明它们并不容易。

更难以理解的则是 1796 年 10 月 11 日的一则神秘的内容：Vicimus GE-GAN。高斯当时有了什么神奇的发现呢？

还有 1799 年 4 月 8 日的一条记录：

REV.GALEN

高斯又是在征服什么样的高山时写下了这样的内容呢？

虽然我们已经无法看懂这些内容，但好在高斯留下来的其余 144 个证明都是可以看懂的。日记里还有一个极其重要的发现：1797 年 3 月 19 日的日记内容表明，高斯已经发现了椭圆函数的双周期性，他那时还不到 20 岁。如果高斯发表了这个结果，就会为他带来显赫的地位和不可估量的巨额财富。尤其考虑到高斯那时还在靠着公爵的津贴维持最低限度的生活水平，这个成果对他的意义非常重要。然而，高斯从未发表过这些内容。

为什么高斯没有披露他的伟大发现呢？W. W. R. 鲍尔在他的

数学史中讲述了一个离奇的说法。高斯在写完他的第一部杰作《算术研究》后，把它寄给了法兰西科学院，但是被拒绝发表。这对高斯来说是个不可磨灭的耻辱，于是他决定从此以后只发表公众承认的、在内容和形式上都无可辩驳的文章。可是，1935年，法兰西科学院的管理人员们详细研究了档案后得出结论，《算术研究》从未被寄给过科学院，更别提被拒绝了。所以，这个说法不攻自破。

高斯曾经亲口说过为什么没有发表那些发现。他说自己从事科学研究完全是自发地、本能地想要对自然事物进行探索，发表研究成果不是为了任何人、任何名誉，这些对他自己来说是次要的事情。他对另一位朋友的解释则是：在 26 岁之前，他的脑海里总是翻腾着一堆势不可当的新奇思想，他无法控制那些想法，而他的时间只够将它们简单记录下来。日记里的每一条简短说明，都是他煞费苦心思考研究了好几个星期的成果。年轻的高斯渴望像阿基米德和牛顿那样，能把自己的思想通过证明的方式束缚住。所以，他希望自己身后只留下完美的艺术品，要达到"增一分则多，减一分则少"的境界。每个数学发现对他来说都是件珍品：纯真，完美，朴实无华，有说服力，而且要不留斧凿的痕迹。高斯说，一座大教堂在最后的脚手架被拆除和挪走之前，还算不上一座大教堂。他抱着这样的理想去工作，宁肯三番五次地琢磨、修饰一篇杰作，也不愿发表那些很容易就能写出来的理论概要。他的印章是一棵只有很少几个果实的树，上面刻着座右铭：少些，但是要成熟。

高斯努力完善后的果实虽然成熟饱满，却并不容易理解，因为到达目标的所有足迹都被抹去了。高斯的著作总是需要一些极有天赋的数学家做出解释并给出详细证明后，才能被普通人理解。正如雅可比所说："高斯的证明被冻得硬邦邦的，人们必须先把它融化开来。"如果高斯能够放弃他那过于严苛的完美主义，那么数学可能要比现在的状况进步半个世纪，甚至更多。有多少19世纪的数学发现，高斯在18世纪就已经预见并取得了领先优势！如果他公布了他的发现，阿贝尔和雅可比就可以从高斯终止的地方起步，而不必耗费精力去重新发掘高斯早在他们出生以前就已经知道的内容；非欧几何的创立也可以足足提前半个世纪；罗巴切夫斯基和鲍耶就不必把他们的才智用在高斯早已经解决的问题上。

然而，高斯的做法又是可以理解的。想想傅立叶的遭遇，18世纪的数学家们还陷在古希腊时期关于严密论证的旋涡里，他们总喜欢相互指责，揪出彼此论文中出现的各种错误。为了证明自己的论点，他们往往喜欢挖苦讽刺对手和自我标榜。这样的学术氛围给高斯留下了深刻的印象。他虽然出身卑微，却像他的双亲一样，自尊心极强。他担心日记里的内容一旦发表，就会为自己招来无休止的争论。这样的争论对数学发展并没有任何好处，搞不好还会造成倒退。

高斯无意于争名夺利，更无暇顾及后人如何消化自己那些"硬邦邦"的数学成果，他说自己"只是一个数学家"。他把莎士比亚的悲剧《李尔王》中的一段格言当作自己的座右铭：大自然，你是我的女神，我愿意在你的定律面前俯首听命……

也许唯有这句名言能概括高斯献身数学的光辉一生。

被呵护的灵感

在格丁根大学的 3 年，是高斯一生中著述最多的时期。由于斐迪南公爵的慷慨资助，高斯无须为生计担心。他完全沉迷在工作中，只交了很少几个朋友。沃尔夫冈·鲍耶就是其中之一，他跟高斯拥有终身友谊，高斯说他是"我所知道的最了不起的人物"。这段友谊中最有趣的事是，沃尔夫冈的儿子约翰发现了非欧几何，走过了高斯曾经探究过的路，可是他一丁点也不知道父亲的老朋友走在了他的前面。

此刻，高斯正着手把他 17 岁就有的奇思妙想归纳得有条有理，而容纳这些思想的伟大著作就是《算术研究》。为了让这本著作更加完善，高斯需要熟悉高等算术中那些前人已经完成的工作，于是他前往赫尔姆施泰特大学，这里有一座藏书丰富的图书馆，可以满足他的需要。

赫尔姆施泰特大学早已听闻高斯的大名，图书馆馆长、数学教授约翰·弗里德里希·普法夫亲自迎接，高斯受到了最热烈的欢迎。普法夫让高斯住在自己家里，两人成了好朋友。高斯极为钦佩普法夫，不仅因为他是当时德国最著名的数学家，拥有极深厚的数学造诣，还因为他单纯、坦率的性格。普法夫对高斯不分昼夜地刻苦工作有些不满，他觉得这无益于年轻人的健康，高斯应该加强运动，锻炼身体。为此，他喜欢邀请高斯一起在傍晚时散步，讨论数学问题。高斯对普法夫的很多观点表示赞赏，但是他谦虚的本性，令他对自己工作中取得的重大进展闭口不谈。这倒令教授少收获了很多有益的东西。

1798 年的秋天，高斯时常往返于不伦瑞克和赫尔姆施泰特，对《算术研究》进行最后的润色。他希望能尽早出版这部著作，但是受制于经济上的困窘，莱比锡的出版商迟迟不愿意印刷。最终还是斐迪南公爵出面，帮助高斯完成了心愿。

对于高斯，斐迪南公爵所做的不仅仅是资助学费、给予津贴这么简单，他还在用自己的慷慨保护一个天才青年。高斯离开格丁根大学以后，对前途十分焦虑不安，他试图当一名教师，不过给学生授课的过程并不顺利。公爵便出资帮他刊印了博士论文，并给予了他一笔适当的津贴，让他可以继续开展数学研究工作，而不至于为了生计四处奔波，荒废了他的才华。所以，高斯也向斐迪南公爵献出了自己最崇高的敬意。1801 年 9 月，《算术研究》得以出版，高斯在书的献词中写道："您的仁慈，使我摆脱了一切其他事务，能够专心写作本书。"

攻克难题

按照高斯生平的时间线，我们接下来看看他完成的博士论文：《每个单变量有理整函数都可以分解为一次或二次实因式的新证明》。1799 年，赫尔姆施泰特大学因为这篇论文，在高斯缺席的情况下授予了他博士学位。

这篇论文在代数学上有着里程碑的意义。现代中学生都知道，在代数里，方程是主要研究对象，而解方程之前首先要搞清楚这个方程有几个根，在把复根也算上的前提下，方程根的数量跟它是几次方的方程有关。也就是说，一个 n 次方程刚好有 n 个根。这个简单的代数学基本定理，在高斯之前没有人能够给出令人满意的证明，因为证明它的难度超乎想象，一代又一代数学家都失败了。高斯为了证明这个代数学基本定理，巧妙地利用了几何图形的性质，表现出了巨大的创造性。论文只有一处错误，就是题目中的"新"字。高斯应该把"新"字去掉，因为在他之前没有人对这个定理做出过真正的证明。后来，高斯又先后给出了这个定理的 3 个证明，做出第 4 个证明的时候，他已经年逾古稀。

在这里不能不提到高斯对复数的不可磨灭的贡献。在整个 18 世纪，由于复数得到了卓有成效的应用，数学家对它逐步建立起了信心。高斯对代数学基本定理的证明，由于依赖对复数的承认，所以进一步巩固了复数的地位。其实，对高斯来说，复数早已不成问题。他在两年前的一篇关于复数的论文中，已经把我们今天熟悉的用平面上的一个点来表示复数，以及复数运算的几何意义解释得一清二楚。现在看来，这些似乎相当简单，不值得在这里多费笔墨，因为今天每一个中学生都已经不假思索地把复数作为实数的自然扩张接受了。可是，我们回顾一下复数的历史就会发现，人们经历了一段多么漫长而艰辛的道路，才到了这一步。

复数是 16 世纪在解二次方程的时候出现的新的数。1545年出版的《大术》一书中，意大利数学家卡尔达诺在解方程 $x^2-10x+40=0$ 时得到 $5+\sqrt{-15}$ 和 $5-\sqrt{-15}$ 两个根。当时的人们只知道，两个符号相同的数相乘结果是正数。可是，这里的 $\sqrt{-15}$ 意味着两个符号相同的数相乘结果等于 -15，这是不可思议的。

由于不了解 $\sqrt{-15}$ 究竟代表什么意思，这种数一直到 1700 年还没有什么人理睬。笛卡儿摒弃它，并由此提出了"虚数"的名称，意思就是"不存在"。牛顿也不认为复数有多大意义，在他看来，复根只是"使不可解的问题显得像是可以解的样子"而已。至于另一位大数学家莱布尼茨，更有一段为人们广泛引用的"名言"："圣灵在分析的奇观中得到超凡的显示，这就是那个理想世界的征兆，那个介于存在与不存在之间的两栖物，那个我们称之为虚数的 -1 的平方根。"

在莱布尼茨看来，$\sqrt{-1}$ 是个怪物，它既存在，又不存在。这样的看法在当时不足为奇，因为复数缺乏物理意义，大家还不认识它。要知道甚至到 19 世纪，复数在流体动力学中发展并且成功地应用了相当一段时间以后，许多大学者，其中包括剑桥大学的教授们，仍然"对 $\sqrt{-1}$ 抱有不可动摇的厌恶心理"，极力抵制它的出现。高斯在这个陌生领域里早就能够将其运用自如，并且赋予复数一种普遍可以接受的解释，可见他具有多么大的勇气和何等深刻的洞察力！

"七道封印之书"

《算术研究》是高斯的第一部杰作，有些人甚至认为它是他最伟大的杰作。该书出版以后，高斯就不再把纯数学理论作为他唯一的兴趣了，他的研究范围扩大到天文学、测量学、电磁学等领域中的数学和应用上。但是，算术仍是他最喜爱的学科。到了晚年时期，他一直后悔没能抽出时间来完成年轻时计划的《算术研究》第二卷。这本书一共有 7 个章节，本来应该还有第 8 章，但是出版时为了缩减印刷费用而被删掉了。

《算术研究》前言第一句就概括了这本书的核心内容："这本著作中包含的研究结果，涉及整数的那部分数学，分数和无理数除外。"

前 3 个章节研究的是同余式理论，特别详尽地讨论了二项同余式 $x^n \equiv A \pmod p$，其中 n 和 A 是任意整数，p 是素数，x 是未知整数。

第 4 章节发展了二次剩余理论，其中就有著名的对二次互反律的严格证明。这个证明是用数学归纳法得出的，是数学巧妙逻辑展现的极好例证。

第 5 章节先从算术的角度出发研究了二元二次方程，随后利用二次互反律研究了三元二次方程，并得出一个结论：三元二次方程是完成二元理论不可缺少的重要内容。对于二元二次方程，一般研究的问题是解决不定式方程 $ax^2+2bxy+cy^2=m$ 中 x、y 的整数解，其中 a、b、c、m 是任意给定的整数；而三元二次方程中一般研究的问题是解决不定式方程 $ax^2+2bxy+cy^2+2dxz+2eyz+fz^2=m$ 中的 x、y、z 的整数解，其中 a、b、c、d、e、f、m 是给定的整数。这个领域中有一个看起来容易实际上困难的问题，就是要给 a、c、f、m 施加一个必要的限制条件，以保证不定式方程 $ax^2+cy^2+fz^2=m$ 中的 x、y、z 可以有整数解。

第 6 章节则将前面的纯数学理论应用到各种各样的特殊情形中。

全书最后一个章节的内容，被很多人认为是这部著作的巅峰。作者巧妙地利用前几部分的研究结果，把代数方程 $x^n=1$ 的根的讨论应用于圆的分割问题，从而把算术、代数和几何交织成一幅完美图案。方程 $x^n=1$ 是用尺规作正 n 边形的几何问题的代数公式，而同余式 $x^m \equiv A(\bmod\ p)$ 是贯穿代数和几何的最直观的线索。高斯将它变成一个只要具备相关数学知识，就能理解的完美艺术品！

著作中的一些内容曾经有人完成过，比如费马、欧拉、拉格朗日、勒让德等人。但是高斯完全从自己的观点出发，运用独创的方法，加上他对一般公式的不同理解，把问题从全新的角度重新处理，从而推导出与他的前辈们相同的结果。例如，费马曾经用无穷下降法去证明每个形如 $4n+1$ 的素数是两个平方数的和，这种方法极其困难，并且他没有找到答案；随后就是欧拉，他为这个证明奋斗 7 年，仍一无所获。而高斯从二元二次方程很自然地就推导出这个结果来。

《算术研究》对任何一个具备中学数学知识的人来说，似乎都能理解，但是它并不是写给数学初学者的，因为在后继数学家们的努力下，高斯著作里的内容被改写成了更容易理解的形式。而在它简明、综合的证明中仍有无数宝藏，那是数学专家都很难读懂的。因为这部著作有 7 个章节，所以它又被称为"七道封印之书"。

《算术研究》受其完美风格的限制，刚出版时不大容易被人理解，可是当那些有天赋的年轻人终于发现它所蕴含的价值时，他们便开始深入研究这部著作。不巧的是，出版商破产了，他们无法买到这本书。就连高斯最喜爱的弟子艾森斯坦也从未拥有一部。高斯的弟子兼好朋友彼得·古斯塔夫·勒热纳·狄利克雷要幸运得多，他抢在出版商破产前买到了一本。《算术研究》成了他最心爱的宝贝，他把书放在枕头下面，这样睡觉前就能"啃"某个段落，然后在半夜醒来时再读一遍，那个难懂的段落立即就变得清晰很多。于是，狄利克雷成了第一个打开这七道封印的人。后来他以通俗的形式对《算术研究》做了详细介绍和解释，挖掘出了书中更多宝贵的价值，也让更多人对这部著作有了深入理解。高斯逝世以后，狄利克雷接替他成了格丁根大学的数学教授。

在此，我们再穿插一个关于狄利克雷和高斯的小故事。1849年7月16日正好是高斯获得博士学位50周年纪念日，格丁根举行了隆重的庆祝活动。其中有一个节目要求高斯用《算术研究》中一页原稿来点燃自己的烟斗。狄利克雷正好站在高斯身旁，他看到这个情景完全惊呆了。在火焰即将烧到原稿的一刹那，他不顾一切地从自己恩师手中抢下了这页原稿，并且把它珍藏起来。直到狄利克雷逝世，编辑人员才在一大堆手稿中重新发现了它。

高斯晚年时说："《算术研究》已被成功载入史册。"他是对的，《算术研究》的出版为高等算术找到了一个新方向，它使得17、18世纪互不联系、靠特殊结果诞生的数论，形成了一个完整的系统，并使之与代数、几何和分析处于同等的地位。

《算术研究》出版后，收获了许多数学大师的赞誉。1804年，拉格朗日在写给高斯的信中说："你的《算术研究》使你立刻升入第一流数学家的行列，我认为最后一节包含着数学诞生以来最美好的分析发现……请相信，先生，没有人比我更真挚地为你的成功喝彩。"

吉星谷神

在继续讲述高斯的成就和生平之前，需要先解决一个疑问：为什么高斯从来没有去解决费马大定理呢？要知道，这在当时的数学界是炙手可热的问题之一。

1816 年，法兰西科学院为费马大定理设立了奖项，只要证明这个定理成立或者不成立就可以获奖。为此，德国天文学家奥伯斯给高斯写信，试图说服他参加竞争："亲爱的高斯，对我来说，你着手这项工作是理所当然的。"

两星期后，奥伯斯收到了高斯的回信，高斯在信里说明了他对费马大定理的看法："我非常感激你告诉我巴黎大奖赛的消息。但是我对作为孤立命题的费马大定理实在没有什么兴趣，因为我可以很轻松地提出一大堆这样的既不能证明其成立，又不能证明其不成立的命题。"

高斯的话并不是要表达对费马大定理的轻视，而是说明了他自己的数学研究方向：希望继续做出像《算术研究》那样的，可以对数学进行系统性整理的工作。在那封信中，高斯还提到了他原本打算对高等算术再进行一些伟大的扩展，他的这个想法就是后来库默尔、戴德金和克罗内克创立的代数数理论。但是，这样的目标何其宏伟，数学史上有能力实现这个目标的不过寥寥数人，他们能深耕的领域也只不过是数学领域中的一个，而高斯已经完成了他的目标。事实证明，在《算术研究》之后，高斯没能再继续他征服某个数学领域的恢宏梦想。

但是，高斯在19世纪的第一天迎来了他人生中第二个伟大的阶段。

这一天，意大利天文学家皮亚齐在太阳系发现了一颗小行星。一开始他以为那是颗彗星，随后几天的跟踪观察让他发现那是颗小行星，后来这颗小行星被命名为谷神星。这一发现在天文界引起了轩然大波。

原来，1776年，德国天文学家提丢斯提出一条求太阳和诸行星间的平均距离的经验法则。根据这条法则，哲学家们认为，太阳系中只会存在7颗行星，不存在别的行星。因为在他们看来，7是一个具有特殊含义的数字。

1781年，威廉·赫歇尔爵士发现了天王星。至此，太阳系中已经有了水星、金星、地球、火星、木星、土星和天王星，正好凑齐了哲学家们所推崇的数字"7"。哲学家黑格尔就断言："正好是7颗。一颗不多，一颗不少。再找是白费时间。"

这种论调在天文学家和哲学家之间引发了旷日持久的争论。谷神星的发现无疑打破了哲学家们毫无事实依据的妄论。此后100多年里，人们又发现了谷神星所在的位置其实是一个小行星带，那里面有多达50万颗小行星。50万对比数字7，更是对只会空谈的哲学家的嘲讽。

然而，谷神星对公众披露的过程十分曲折。皮亚齐在确定了谷神星的踪迹后，正准备对外公布这一消息，不料他却病倒了。观察被迫中断，皮亚齐在病榻上挣扎着把这个消息写信告诉他欧洲的同行们。不凑巧的是，拿破仑正在远征埃及，地中海已经被英国舰队严密封锁。等欧洲的天文学家们得知这个消息时，谷神星已经靠近太阳，消失在太阳耀眼的光芒中。

想要再继续观测这颗小行星谈何容易！首先要确定谷神星的轨道，其次轨道计算必须精确到能够让望远镜找到，这就需要无比庞大的计算。这种工作量就连20世纪30年代的计算机也感到力不从心，难怪牛顿把计算行星轨道列为数理天文学中极为困难的问题之一。其实，牛顿去世70多年后，他树立的天体力学的大厦仍如阴影般笼罩着一代又一代数学家，他们前赴后继地去完善牛顿的伟业，把数学当成数学物理学的一部分。直到高斯的《算术研究》问世，数学才终于回归一门独立科学。就在高斯准备在数学这片无尽荒野上继续耕耘时，谷神星出现了，将他引向了另一条道路。

此时的高斯在数学领域已经取得了不凡的成就，但这些对世俗来说什么也不是。在他的父亲眼中，高斯已经在公爵的资助下完成了教育；在朋友眼中，他已经问鼎数学的巅峰。然而，高斯连一份稳定的、可以赚钱的工作都没有。他只是一味地钻进浩如烟海的数学世界，探索那些世人都看不懂的深奥数学理论，大家都希望高斯能从隐士般的生活中走出来。

高斯自己一直接受着斐迪南公爵慷慨的支持，虽然公爵是发自真心在资助他，但是迟迟没有实现经济独立，让高斯的自尊心受到了伤害。他决定向谷神星发起挑战。这项计算量庞大的工作交到了高斯手中，他的书桌上堆满了厚厚的草稿纸，上面写着一行行密密麻麻的计算公式。在没有任何现代计算机辅助的情况下，高斯的许多计算已经到了小数点后 21 位。他甚至不用去查看任何三角函数表或对数表，只依靠超凡的记忆力就能说出各种数表上的答案。

高斯从来不让任何人失望，他仅用了一年的时间就算出了谷神星的轨道，这是对关心爱护和支持他的人最好的回报。随后，谷神星的姊妹行星智神星、灶神星和婚神星也很快被观测到了，它们的轨道完全符合高斯那极富创造性的计算公式。这种轨道的计算在 18 世纪曾经花了欧拉 3 天时间，有人说他的一只眼睛就是因此失明的。经过高斯改进后，现在只需要几个小时就能得到答案。

1809 年，高斯将他在谷神星轨道计算中获得的理论总结成《天体沿圆锥截线绕日运动的理论》。这部著作根据观测得到的数据，囊括了摄动分析，对确定行星和彗星轨道做了详尽讨论，制定了许多可供天文学运用的规律。

和《算术研究》相比，高斯的第二本著作在数学史上几乎不值一提，它却给高斯带来了前所未有的名望、声誉和宽裕的经济状况。因为对普通民众来说，《算术研究》太过深奥，它的发表在当时的社会上几乎没有掀起什么浪花，除了专业人士，鲜有人问津这本著作。谷神星则不同，它被发现的消息一经公布就吸引了全社会的关注，成了妇孺皆知的新闻。高斯名声大噪，格丁根市政府授予高斯"格丁根巨人"的光荣称号，斐迪南公爵为他追加了津贴。德国著名自然学家亚历山大·冯·洪堡男爵支持高斯担任格丁根天文台台长。在一次学术会议上，男爵问拉普拉斯：
"谁是德国最伟大的数学家？"

拉普拉斯回答："普法夫。"

男爵万分吃惊地问："那高斯呢？"

拉普拉斯说："哦，高斯是世界上最伟大的数学家！"

谷神星对高斯来说称得上一颗吉星，为他带来了人生中最灿烂的荣耀。

急转直下

1805 年 10 月 9 日，高斯与同乡的约翰妮·奥斯特霍夫步入了婚姻殿堂。在谷神星上取得的成就和斐迪南公爵追加的津贴，足以让高斯建立一个美满幸福的家庭。这段婚姻让高斯沉浸在美妙无比的爱情和幸福里，在跟女方订婚三天后，他给在格丁根大学的老朋友沃尔夫冈·鲍耶写信，表达自己难以言喻的快乐："生活在面前停滞了，像一个有着鲜明色彩的永恒春天。"

这段婚姻中，约翰妮为高斯生了 3 个孩子，分别是约瑟夫、米娜和路易。然而这段幸福的生活没有持续太久，1809 年 10 月 11 日，约翰妮在生下路易后就离世了。高斯的"永恒春天"立即变成了严冬。为了年幼的孩子，他不得不再次结婚。第二个妻子是约翰妮的密友，名叫米娜·瓦尔德克，她为高斯生了两个儿子和一个女儿。但是，很长时间里，高斯谈起约翰妮就十分悲痛。

据传言，高斯和他的儿子们关系不好，除了继承父亲心算天赋的约瑟夫，另外两个儿子离家出走，去了美国，在密苏里州当了农场主。其中一个留下了许多后代，这些子孙中有一个在美国内河航运全盛时期，成了圣路易斯的一名富商。而高斯就一直跟女儿们在一起，幸福地生活着。另一个版本的说法应该更可靠一些：由于受到自己父亲的压迫，高斯对于儿子有着深刻的同情，对他们非常仁慈，他的儿子却让他操心不已。

现在，再回到高斯结婚后的生活中去。婚姻带来的快乐夹杂在各种不幸之中，1806 年，高斯的恩人斐迪南公爵离世，这对他是个沉重的打击。

作为不伦瑞克的统治者，斐迪南公爵不仅仁慈慷慨，乐于资助像高斯这样有才华的人，还是一名优秀的军人。他在英普联盟对抗法奥联盟的七年战争中，表现英勇，战功赫赫，赢得了腓特烈大帝的高度赞扬。斐迪南以 70 岁高龄参加了第三次反法同盟战役，率领普鲁士军队对拿破仑发起进攻。但由于反法同盟联军在奥斯特里茨战役中大败，俄国不再对普鲁士派出援军，斐迪南只得在奥尔施泰特的萨勒河和耶拿与法军正面交锋。结果是斐迪南身负重伤，不得不撤回家乡不伦瑞克。

拿破仑压倒性的胜利，也令他的权势达到了顶峰。他驻扎在哈雷，接见不伦瑞克派来的求降代表团。他们恳求拿破仑放过斐迪南这位勇敢的老人。但是，拿破仑拒绝了这个要求，甚至出言嘲讽这个可敬的对手。

这时，高斯住在不伦瑞克的家里。晚秋的一个清晨，他站在窗前眺望远方。一辆从医院驶出的篷车正朝着阿尔托纳匆忙逃亡，里面躺着垂死的公爵。高斯目送着这位待他胜过亲生父亲的恩人，却无计可施。他知道公爵的命运——像个被追赶的罪犯，躲藏在无人问津的地方，默默等待生命终结的那刻到来。

1806 年 11 月 10 日，公爵在自己父亲的住宅中去世。高斯从未为此事说过什么话，当时没有说，后来也没有说。但高斯变得愈加沉默严肃，斐迪南公爵的离世令他到死都陷入一种沉重沮丧的心境。

除了心情上的郁结，高斯必须面对经济压力的考验。幸而这个问题对他来说已经不是个问题了，数学家的名声为高斯在整个欧洲大陆赢得了尊敬。有两个很好的职位摆在高斯面前，一个是圣彼得堡科学院的数学教授，一个是格丁根天文台台长。圣彼得堡早就想邀请高斯了，因为自从 1783 年欧拉去世，他们再也没能找到一个能媲美欧拉的人来接替他的职位，直到高斯出现。于是 1807 年，圣彼得堡向高斯发出正式邀请。面对俄国公然"抢人"，亚历山大·冯·洪堡和德国的其他科学家不愿看到德意志失去高斯这位世界上最伟大的数学家，于是帮助高斯得到了格丁根天文台台长的职务，他同时要兼顾给格丁根的大学生们教授数学课。

高斯当然配得上数学教授的职位，但他更愿意在天文台任职，因为这个职务能够让他不受干扰地进行研究工作。高斯并不痛恨教书育人，但这件事也没给他带来什么乐趣。相较于为普通大学生授课，高斯更愿意跟一名真正的数学家促膝长谈。1810 年，高斯在写给他的好朋友、天文学家弗里德里希·威廉·贝塞尔的信中说："这个冬季，我给 3 个学生开了两门课。这 3 个学生当中，一个只是中等水平，一个不到中等水平，第三个既没有水平，又缺乏才能。这就是干数学这一行的负担。"的确如此，数学对天赋的要求太高，而天才一向少有。

此时，拿破仑正在普鲁士到处掠夺财富。格丁根天文台能够付给高斯的薪水不多，勉强够高斯维持全家人的温饱。高斯对此并不介意，奢侈的生活从来没有对这位"数学王子"产生过吸引力，他在少年时就决心将一生献给科学。他对自己的作品的要求近乎苛刻，对生活却一无所求。高斯的朋友冯·瓦尔特肖森是这样描述他的："从青年、老年，再到他辞世那天，高斯始终保持着简朴的生活。一间小书房，一张铺着绿色台布的小小工作台，一张漆成白色的书桌，一张单人沙发，在他70岁以后才又添加了一把扶手椅、一个带灯罩的灯。没有火炉的卧室，简单的饮食，一件晨衣和一顶天鹅绒的便帽，这些就是高斯的全部需要了。"

如果说高斯的生活简单又节省，那么自从1807年法国人侵，德国人的生活就更加简单、节省了。法国作为胜利者，要求在这场战争中的所有损失都由战败国德国来赔偿。法国人几乎征用了一切运输工具，把大量的财物源源不断地运往法国。300多万普鲁士居民在1807年到1812年短短5年内，要交纳10亿法郎以上的战争赔款。贪婪的拿破仑连简朴的高斯都不放过，法国人强迫作为格丁根的教授和天文学家的高斯为拿破仑的战争基金捐献2000法郎。这笔巨额"捐款"完全超出了以高斯的微薄薪水能够支付的数目。

有几位朋友劝高斯以他的名义呼吁拿破仑豁免这笔"赔偿

金"。假如他提出来，拿破仑大概会十分乐意借机炫耀自己的"仁慈"。高斯当然不会这样做。他不会把数学，把自己的荣誉和自尊出卖给拿破仑。他没有忘记斐迪南公爵的死，更不会忘记拿破仑军队在德国的所作所为。

然而，并不是所有人都贪得无厌，高斯的朋友们在他最困难的时候纷纷施以援手。天文学家奥伯斯寄来了一封信，对拿破仑勒索高斯这样伟大的学者表达了愤慨，同时附上了2000法郎。高斯对奥伯斯表示了感谢，却拒绝接受这笔钱，将它原封不动地退给了朋友。之后不久，高斯又收到了拉普拉斯寄来的一封简短的信件，原来拉普拉斯为他支付了2000法郎的"捐款"，并表示十分荣幸能够为世界上最伟大的数学家卸下这份负担。但是高斯再次拒绝了这次帮助，他将一笔意外得到的钱财按照市场钱币汇率连本带息还给了拉普拉斯。这样一来，高斯不接受施舍的说法在外界广为流传。有人灵机一动，在德国的法兰克福通过匿名的方式寄来了一笔钱，由于对方没有留下姓名和地址，高斯便无法把钱还回去，只能接受这笔好心的馈赠。

斐迪南公爵和第一任妻子的离世，遭受法国无情劫掠的德意志，以及自身窘迫的经济状况，令高斯在30岁出头时就深陷不幸的生活。他在1807年给朋友的一封信中写道："对我来说，死亡比这样的生活更可爱。"

幸而第二个妻子的到来缓解了高斯的悲痛，让他能够继续以旺盛的精力投入新的挑战中去。

成功的秘诀

除了高等算术和天文学，高斯还在几何、大地测量学、牛顿引力理论和电磁学的应用方面，取得了同样重要的进展。他是怎么完成这些工作量巨大的最高水平的工作的呢？高斯以他特有的谦虚宣称："如果其他人也像我这样思考数学真理，也像我这样深入、持久，那么他们也能做出我所做出的这些发现。"

无独有偶，高斯的解释使人想起牛顿。当有人问牛顿："你是怎样在天文学领域做出超越所有前人的发现的？"牛顿回答："因为我时时刻刻都在想着它们。"

高斯能够取得这么多骄人的成绩，还有一个重要原因：他总会不由自主地沉迷在数学的世界里。高斯年轻的时候很容易就被数学"抓住"，比如他在和朋友们谈话的时候，会突然沉默下来，一动不动地站在那里，茫然地凝视着周围的一切。这种时刻恰恰表明他正沉浸在自己浩瀚的思想中，无法自拔。而回过神来后，他就会有意识地集中全部力量解决刚才"走神"时遇到的困难问题。高斯一旦发现某个问题需要被攻克，就会在征服它之前永不言弃。

《算术研究》第 636 页记录了一个这样的例子。在长达 4 年的时间里，高斯每个星期都会围绕一个确定符号是正还是负之类的问题去思考。常常连续几天，甚至几个星期，研究都毫无结果，可是在经过了某个不眠之夜后，那个困扰他的问题的结果突然闪电般冲进他的脑海中。也许，这就是高斯成功秘诀的一部分：保持紧张而持久的思考。

高斯具备许多与阿基米德和牛顿相似的能力：在思考的世界里忘掉自己的能力、精密观察的天赋和科学独创力。这些特殊的能力促使他设计出了许多科学研究必需的仪器。大地测量学中的回照器在当时是一大进步，它可以利用反射光将信号即刻实地传播出去，这个巧妙的装置就出自高斯之手。除此之外，高斯还改进了天文仪器，发明了电磁学里重要的双线磁强计，并在1833年发明了电报。他和韦伯在圣彼得堡的冬宫和夏宫之间建立起了电报联系，并扩大联系距离，这比莫尔斯有专利权的发明要早7年。

高斯这种将数学天才和第一流的实验才能相结合的本事，在科学史中也极为罕见。然而，高ee斯很少关心自己的发明有哪些实际用途。他像阿基米德一样：宁要数学，不要大地上的王国。但是，跟高斯在电磁学研究中合作的威廉·韦伯清楚地看到了电报的发明意味着什么。韦伯在1835年铁路出现前就预言："当全球都被铁路和电报这两张大网覆盖时，它们就可以与人体的神经系统相媲美。铁路用来快速运输，电报则以闪电的速度传播思想和大事件。"

在之前牛顿那章里，我们提到过高斯对牛顿和苹果的故事的反应，他坚信万有引力是在牛顿的长期准备和不间断思考下诞生的，而不是靠一个苹果砸中了天才的脑袋完成的。这个故事跟爱因斯坦发现引力场的模式非常相似，有人说爱因斯坦的发现过程是这样的：一个工人在维修房顶时不小心掉到了干草堆上，爱因斯坦便问他在下落途中是否感受到重力在"拉"他。工人告诉爱因斯坦没有力拉过他。爱因斯坦便得出结论，在一个充分小的时空范围内，"引力作用"能够由观察者（下落的工人）的某个加速度来代替。这种故事完全是胡扯，爱因斯坦的理论，是他在掌握了意大利数学家里奇和莱维－奇维塔的张量计算后，再加上几年艰苦卓绝的辛苦思考得来的。

"数学王子"的爱憎喜恶

高斯的兴趣非常广泛。他对统计学、保险学和一切与科学相关的问题，都有浓厚的兴趣和极强的洞察力，这样的能力足以使他成为一名优秀的财政大臣。但是他在晚年与牛顿不同，从事公职和处理世俗事务对他从来都没有吸引力。直到晚年患病，高斯的业余爱好始终是阅读欧洲文学和古代经典著作，关心世界政治，掌握外国语言，并对新生科学抱有极大兴趣。

在文学方面，高斯喜欢英国著作，尤其是那些内容欢快、结局美满的作品。同时代作者沃尔特·司各特爵士的小说一出版，高斯就赶紧买来阅读。高斯敏感的心思接受不了悲剧，莎士比亚的悲剧就受到他的排斥。司各特的《凯尼尔沃思》有个不幸的结局，让高斯难过了好几天，甚至后悔读了这本小说。司各特书中的一处失误"月亮在西北方明朗地升起"，又把高斯逗得哈哈大笑，他一连好几天都在忙活着改正这个天文学上的错误。高斯还特别喜欢用英文写的历史著作，特别是吉本的《罗马帝国衰亡史》和麦考莱的《英国史》。高斯也并不是对英国文学照单全收，比如与他同时代的拜伦就深受高斯诟病。他不相信拜伦一边沉湎于醇酒与美女，一边宣称自己厌倦了这个世界。

对于本国文学，高斯的品味有些与众不同。他最喜欢的德国诗人是让·保尔，对歌德的评价却不是很高。高斯赞赏席勒的哲学原则，却不喜欢他的诗。

语言是高斯的另一个爱好，他终身保持着青年时代掌握语言的卓越能力。在他年事已高的时候，为了检验头脑是否还保持灵活，高斯会有意识地去学习一种新的语言，他认为这种练习有助于使他的大脑保持年轻状态。62 岁时，高斯开始认真学习俄文，在没有任何人帮助的情况下，他仅用了不到两年时间就能顺畅地阅读俄文诗和散文，并且能够使用俄文和圣彼得堡的科学界的朋友们通信。在格丁根访问过高斯的俄国人认为他的俄语说得也很流畅。高斯喜欢俄国文学不亚于英国文学。当然，并不是所有的语言都能受到高斯的喜爱。比如梵文，高斯也学习过，但并不喜欢它。

世界政治是高斯的第三个爱好，他每天都要花费 1 小时左右的时间，去文献博物馆阅读那里订阅的全部报纸，以便随时了解世界政治局势。高斯不是真正的王子，但他是"知识上的贵族"，这让他不可避免地成了政治上的保守派。他所处的时代，整个欧洲大陆都动荡不安，形形色色的政治暴行让他产生了"一种难以形容的恐惧"，毕竟他的恩人兼好友斐迪南公爵就死于这种暴行。随着年龄的增长，高斯认为只有和平和简单的满足才是这世上唯一的幸福。他说，如果德意志发生内战，他宁愿立即死掉。所以，对拿破仑那种渴望征服整个欧洲的行为，高斯完全无法理解。

另一方面，高斯也没法理解 1848 年发生的巴黎起义。高斯出身寒微，他自幼接触到的底层百姓都不具备像他那样出众的智力，所以他本能地认为这些人的智力、道德和政治敏感度都不高。这种认识自然是欧洲贵族对人们思想控制的结果，但这种思想的的确确影响到了高斯。而且，在法国大革命中，高斯十分清楚那句"人民不需要科学"的口号，更知道暴乱的民众是如何对待法国科学家的。所以，高斯站在自己的利益上，蔑视这种自下而上的人民起义。不过，高斯虽然保守，但还不至于反动。他相信改革是有益的，但需要足够明智的人去领导。

高斯那些思想进步的朋友，把他的保守主义归结于他把自己过多地局限在工作中。或许有这方面的原因，高斯在一生的最后 27 年中，除了去柏林参加过一次科学会议外，都是在格丁根天文台度过的。

优先权之争

在科学上，高斯唯一的野心是促进数学的发展，对于声誉之类的身外之物并不在意。这点从他没有拿出日记本来证明自己在数学上的各种优先权就能看出来。尽管如此，高斯还是被卷入了优先权之争，而引起这场风波的另一个人是在法国与拉普拉斯和拉格朗日并称"3L"的勒让德。

勒让德 1752 年 9 月 18 日出生在法国一个富裕家庭，他在柏林科学院举办的一次竞赛活动中崭露头角，引起了拉格朗日的注意，并一路晋升到科学院的助理院士。1784 年，勒让德在拉普拉斯方程的基础上，经过球函数方程再变换得到了著名的勒让德函数，在这个基础上又得出了著名的勒让德多项式。天体运行和大地测量是当时的流行问题，而在使用球坐标求解数学物理方程时，经常会用到勒让德多项式，因此，即使在今天，勒让德多项式在物理和工程中也占据较重要的位置。勒让德无疑是一位极其优秀的数学家，但是他出生在群星闪耀的时代，众多数学天才的光芒掩盖了他做出的努力。

勒让德跟高斯的"恩怨"最早出现在数论领域。比高斯年长 25 岁的勒让德，在数论研究方面肯定是位先行者。1798 年，勒让德关于数论研究的书籍《数论讲义》在巴黎发行，该书囊括了欧拉、拉格朗日，以及勒让德自己的数论研究与发现，他还证明了著名的二次互反律。但是在 1801 年，随着高斯经典著作《算术研究》的出版，勒让德的《数论讲义》被取代，甚至其他数论著作也被遗忘了。不过这次"交锋"让勒让德输得心服口服，高斯对二次互反律的证明的确完美。

到了 1809 年，高斯的第二部著作《天体运动论》的发表，却在二人之间引起了轩然大波。高斯在书中"顺便一提"，提到了最小二乘法，说自己在 1794 年的时候就已经实际应用这个原理了，谷神星轨道的精准测量用的就是这个方法。但是，就在 1805 年，勒让德发表论文称独立发现了"最小二乘法"。高斯这个"顺便一提"无疑抢夺了勒让德对最小二乘法的优先权，并让他多年辛苦研究的成果付诸东流。这让勒让德难以接受，他认为高斯已经享有无比辉煌的荣誉了，居然还来跟他抢优先权。

于是，勒让德抢先对此事发表了公开言论。高斯被迫卷入这场纷争。

高斯生平最不喜这种无意义的争论，所以他从不在公开场合谈论此事，只在给朋友的一封信中简单提过一句："1802年，我把整个事情告诉过奥伯斯。勒让德要是不信，可以去问奥伯斯，他那里有记录。"

抛开优先权不谈，高斯在学术研究上的确比勒让德走得更远。勒让德说，误差的平方和最小是合理的，但为什么会合理，或者什么时候是合理的，勒让德并没有说明白。而高斯做到了，高斯第一次将最小二乘法与概率论结合在一起，并由此开发出一个新工具——正态分布曲线，这种描述随机现象的最常见的分布曲线又被称为高斯分布曲线。

然而，这次争论对数学的发展产生了消极影响。27岁的雅可比受到勒让德的影响，没有与高斯建立起亲密的联系，在椭圆函数上多走了许多冤枉路。

对高斯另一个不利的评价是，他对年轻数学家们过于刻薄。因为当年轻人在数学领域取得辉煌成果时，高斯都置若罔闻，既不发表评论，也没有鼓励和赞扬的话。柯西在发表单复变量函数理论时，高斯什么也没有说；1852年，哈密顿发表关于四元数著作时，高斯也什么都没说。因为所有这些工作，高斯早在几十年前就记录在自己的日记本里了，他一旦说些什么，就会暴露出他在这些领域的优先权，正如他和勒让德之间的争议那样。这无疑是对年轻数学家们的沉重打击，对数学发展并没有任何益处。

幸运的是，所有的流言蜚语都随着高斯的日记本和大量通信的披露被澄清。高斯的冤屈得以昭雪，但对高斯来说，那些关于单复变量函数理论、椭圆函数、四元数和非欧几何的工作，他通通做过了，这就足以令他感到满足了。

科学上的开明观点

如果说高斯对年轻学者的成就表现出冷漠是对他们的优先权的保护，那么他为勇于挑战传统观念的外国学者发声则是对数学发展的维护。

当高斯读到喀山大学校长尼古拉斯·罗巴切夫斯基的新书《平行线理论的几何研究》时，他意识到一种与传统的欧几里得几何截然不同的几何——非欧几何即将横空出世。实际上，早在16岁时，高斯就已经预见到了非欧几何的存在，但他不愿意将这个发现公开。一方面是他尚未达到自己的目标，让非欧几何形成一门系统的学科；另一方面则是非欧几何与在当时知识界占统治地位的康德哲学直接相违背。康德哲学把欧几里得几何说成先于经验而存在的，是唯一的和必然的；而非欧几何认为，欧几里得几何只是客观存在的许多空间形式中的一种。

高斯不愿意陷入这种无意义的争论，因此一直没有公开发表非欧几何，让它安静地躺在了自己的日记本里。可是，当罗巴切夫斯基这本关于非欧几何的论著摆在高斯面前时，他深深知道这个俄国人需要何等勇气、承受多大压力才能公然对传统权威发起挑战。高斯意识到，他不应该再继续保持沉默。这次跟柯西、哈密顿的情况有所不同，数学界追捧他们的成果，而非欧几何在大家心中是面目可憎的"怪物"。对于被追捧的成果，宣称与自己有关，只会被人诟病有所图谋；对于非欧几何这种"怪物"，其他数学家唯恐避之不及，就不会有人羡慕跟它扯上关系的人。于是，高斯决定给他的朋友舒马赫尔写信，推荐罗巴切夫斯基的论文。他在信中写道："不久前我有机会重读罗巴切夫斯基的论文。……您知道，我对此抱有同样的观点已有54年。从那时起到现在并没有任何改变。……我建议您把注意力集中在这样的著作上，读它会使您大受教益。"

根据高斯的提议，格丁根皇家学会选举罗巴切夫斯基为通讯院士。这是国际上对罗巴切夫斯基几何的第一次正式承认，也是对处境困难的罗巴切夫斯基本人的有力支持。

高斯支持所有热衷于科学研究和促进数学进步的人，哪怕是个女性科学工作者。今天，女性学习科学知识，走上科研岗位，已经是很平常的事了。但是对高斯那个时代的人来说，由于偏见和歧视，允许一名女性参加科学研究工作简直不能被容忍。高斯勇于打破世俗无知的偏见，与索菲·热尔曼小姐以数学为桥梁，建立了深厚真挚的友谊。

然而，索菲·热尔曼与高斯从未见过面。她比高斯大一岁，出身于一个法国富商家庭，对科学非常感兴趣，涉足的领域涵盖声学、弹性数学理论和高等算术，并且在这些领域都做出了出色的成绩。索菲对于费马大定理的一项重要研究成果，为美国数学家伦纳德·尤金·迪克森进一步取得突破性进展奠定了基础。

高斯的《算术研究》出版后，索菲被这本著作里面的内容深深吸引了，她打算写信把自己在算术方面的见解告诉高斯，又担心高斯对女数学家怀有偏见，便使用了"勒布朗"这个男性化的名字作为笔名，与高斯建立了通信联系。高斯对索菲展现出的数学天赋给予了很高的评价，两人通信日渐频繁，但高斯一直都以为对方是个"先生"。

当法军入侵汉诺威时，索菲通过关系向法国帕尼蒂将军说情，请他注意保护高斯，以免重演当年阿基米德的悲剧，并且对这场给德法两国人民带来灾难的战争深表遗憾。由于这件事，索菲无法再向高斯隐瞒真实身份。高斯在知道真相后大为震惊，他立即写信感谢索菲为他的安全所做出的努力。

"当我知道尊敬的勒布朗先生其实是索菲·热尔曼小姐时，我无法向你描述我的钦佩和惊讶！我简直难以置信，你提供了如此光辉的榜样作用。对一般抽象科学，特别是对数学产生兴趣的人，寥寥无几。这其实也很正常，因为这门科学只向那些有勇气深入探索它的人展现出迷人的魅力。而以我们惯有的偏见，女性要熟悉这些棘手的研究工作，必定会遇到比男性多得多的困难。而她要越过这些障碍，深入其中最难解的部分，就必定具有最大的勇气、非凡的才能和超人一等的天才。"

信里剩下的内容就是和索菲探讨数学问题，然后他在信末写下："不伦瑞克，1807 年的这个 4 月 30 日，我的生日。"

在高斯眼里，研究数学不必区分性别。高斯 1807 年 7 月 21 日写给朋友奥伯斯的一封信就可以表明他对索菲的钦佩："……拉格朗日对天文学和高等算术很感兴趣。我前不久也曾写信告诉他两个实验定理，他认为是'属于最美妙而且最难证明的'。但是索菲把这些定理的证明寄给了我，我还没有来得及把它们看完，但是我相信它们是对的，至少她是从正确的方向着手解决这个问题的……"

像高斯这样对女性科学家抱持开明大度的态度的人在当时是罕见的。索菲在法国得不到任何学位，也不能担任任何科学职务，只在1816年由于《表面弹性理论研究》赢得过法兰西科学院的奖金。尽管如此，高斯仍然力荐索菲，最终格丁根大学决定授予索菲名誉博士学位，开创了举世典范。可惜的是，学位还未颁发，索菲便在巴黎病逝了。

有意思的是，19世纪著名的女数学家柯瓦列夫斯卡娅的名字叫索菲娅。柏林大学因为她是女性，直接拒绝授予她学位。近代著名女数学家艾米·诺特也来自格丁根大学，但是由于她身上流淌着犹太血统，在纳粹上台后，艾米被驱逐出德国，美国宾夕法尼亚的布林莫尔学院敞开怀抱接纳了她。在法西斯的恐怖统治下，格丁根失去了高斯珍视的平等和自由。

他活在数学的每一个角落里

19世纪，欧洲各国因为航运、贸易的发展和频繁的战争，需要绘制各种精确的地形图和地理图，这就需要科学家对大地进行测量。测量大地还可以让人们搞清楚一个重要的科学问题：地球是个什么样的球体？知道了地球的精确形状，就可以用来验证牛顿的万有引力定律，当时人们对这个极端重要的定律还存在疑虑。这项工作对高斯来说还有一个重要意义：可以通过测量一个大三角形内角之和来检验周围的三维空间是否具有欧几里得几何的平直性。虽然当时测量的三角形还不够大，没有获得理想的结果，但是高斯的工作对科学设计和进行高精度大地测量具有重要的指导意义。

1821到1848年，高斯担任汉诺威王国和丹麦政府的科学顾问，开始从事大地测量的理论研究和实际工作，他的最小二乘法和在设计处理大量数值数据各方面的技巧有了充分发挥的机会。更重要的是，要绘制地图就需要研究曲面理论，因为地图是平面而地球表面是球面。我们无法把球面切开来摊平，因此要寻找一种形状和球面相接近的曲面，使它不必拉伸，切开来就能够铺平。这个课题并不是新的，高斯的前辈们，特别是欧拉、拉格朗日和蒙日，已经研究过某些类型的曲面几何，但是尚未得出一个系统的理论，对这类问题进行解答。

1827年，《关于曲面的一般研究》正式发表。它的出版决定了微分几何的基本方向，并且启发了高斯的学生波恩哈德·黎曼在1854年创立黎曼几何，成为爱因斯坦广义相对论的数学基础。在这以前，曲面一直被作为三维欧氏空间中的图形来研究。高斯在论文中证明：曲面的所有性质都可以由曲线的长度来确定。既然这样，人们就可以忘掉曲面位于三维空间这个事实，而把曲面本身看作一个空间。如果把球面本身当作一个空间来研究，那么它的"直线"就是大圆上的圆弧，它的几何就不是我们所熟悉的欧几里得几何，而是一种"弯曲的"非欧几何了。

高斯还在磁学、电学、光学、毛细现象和结晶学、透镜的折光研究、椭圆球体的引力计算和位置几何等领域有重要研究和贡献。他发明了地磁仪，绘制了全球的磁力分布图，并且对电磁和地磁的数学理论做了大量深刻的研究。正如麦克斯韦在《电学与磁学》一书中所指出的："高斯的磁学研究改造了整个科学，改造了使用仪器、观察方法以及结果的计算。"为纪念高斯在磁学上的贡献，人们特别用"高斯"来命名磁通量密度的单位。

高斯的最后几年荣誉满身，但是他并没有去享受这些荣誉。即便在去世前几个月，高斯仍像年轻时那样保持着敏捷活跃的思维和丰富的创造力，他并没有因为生命即将走到尽头而贪图享乐。

1854年6月16日，是高斯20多年来第一次离开格丁根。他一直对铁路建造和运营抱有浓厚的兴趣，这次他受到邀请去参观格丁根和卡塞勒之间正在建设的铁路。参观过程中，高斯乘坐马车，一路欣赏着这条钢铁巨兽的壮观景象，不料一匹马突然受到惊吓，挣脱缰绳疯狂奔跑起来。高斯从不受控制的马车上摔了下来，所幸没有受伤，但他吓坏了。这次幸免于难令高斯变得更加沉默寡言，也不再愿意谈论生老病死这样的话题。不过当一个多月后铁路建成，他又像个小孩似的，欢天喜地地去观看了通车典礼。

随着新年的到来，高斯的心脏病愈加严重，经常因为心脏扩张和气短而感到痛苦，与此同时，水肿的症状也出现了。即便这样，也没有阻止高斯工作。他的手因为痉挛，写出的字迹不再优美清晰，变得难以辨认，他仍坚持给戴维·布鲁斯特爵士写了一封信，讨论电报的设计问题。这是他写的最后一封信。

在生命即将逝去的最后一刻，高斯仍保持着清醒的头脑。1855年2月23日凌晨，这位"数学王子"在安详中与世长辞，享年78岁。

高斯生前共发表论著155篇，还留下大量论文没有发表。今天出版的高斯全集有整整12大卷。自拉格朗日以来，数学家的研究日趋专门化，因此，高斯研究领域的广阔就显得异常出众，无论是深奥的数论的抽象理论还是应用科学的实际运用，无论是数学新领域的开拓还是天文学的冗长计算，他都表现出惊人的才能。他在纯粹数学和应用数学上的不朽工作是数学史上辉煌灿烂的一页。他填补了古典数学家遗留的许多重大空白，为现代数学家开辟了意义深远的全新的道路。他的选题基本上是古典的，而他的方法是属于现代的，因此他既是最后一位卓越的古典数学家，又是第一位伟大的现代数学家。

高斯将自己有限的生命撒播在了数学存在的每一个角落里。

6
柯西
Augustin–Louis Cauchy

柯西是当今真正懂得应该怎样对待数学的人。

——尼尔斯·阿贝尔

19 世纪，数学性质发生了改变，它变成了与 18 世纪的数学大不相同的东西。这种改变是由数学理论的普遍适用性和发明创造处在爆炸式发展阶段造成的，今天各种理论科学都在面临这样的情况，谁也无法预料未来几十年数学会发展成什么样子。

这种理论应用实际所呈现的繁荣景象，只有 19 世纪初的高斯有所预见，但他没有把自己的预见告诉拉格朗日、拉普拉斯和勒让德。虽然这些伟大的法国数学家大都只活到了 19 世纪的前期，但他们的许多工作都成了未来数学进步的阶梯。拉格朗日在方程理论上为阿贝尔和伽罗瓦铺平了道路；哈密顿、雅可比和庞加莱在拉格朗日的分析力学基础上不断完善，使之成为更适合现代应用的学科；而魏尔斯特拉斯在拉格朗日变分法经典工作的基础上，进行了更为严格和独创性的开发。拉普拉斯以在牛顿天文学的微分方程方面进行的工作，为 19 世纪数学物理学提供了良好的发展基础。勒让德在积分学方面的研究，给阿贝尔和雅可比提示出了一个最为丰富的研究领域。

柯西就出生在这样一个变革的年代。他所经历的变革不只有数学，还有法国大革命。作为一名科学家，柯西深受这些变革的影响。他的童年始终挣扎在饥饿之中，营养不良伴随着他整个未成年时期。长大后，柯西从综合理工大学毕业，为拿破仑服务。拿破仑垮台后，柯西同样蒙受重大损失。

现代数学中有两项主要功绩应归于柯西，它们标志着19世纪的数学与18世纪的数学断然决裂。第一项功绩是柯西把严格性引入了数学分析，他与高斯、阿贝尔一起成为这方面的伟大先驱者。高斯原本走在柯西前面，但是他过于严谨和不喜欢纷争的性格，令他总是推迟发表论著，这让柯西抢了先。与高斯不同，柯西喜欢以最快速度发表他的论文，加上他在教学工作上的天赋，人们很快就接受了数学分析中的严格性。

柯西对数学的第二项功绩是在组合方面。他抓住了拉格朗日在方程理论上的方法核心，把它抽象化，开始了群论的系统创建。在柯西之前，数学家们的灵感通常来自数学的应用，很少有人在纯粹代数运算方面找到有价值的东西。柯西则不同，他不管他发明的东西是否有实用性，甚至是否能对数学其他分支发挥实用，他只是比其他人看得更深入，能够从代数公式的对称性上看出它们的运算和组合规律，并把它们独立出来，群论就是这么发展而来的。如今，群论在纯数学和应用数学的多个领域都有重要作用，比如它成为晶体几何学的起源。如今，在分析学方面，群论已经深入到高等力学和微分方程的现代理论之中。

营养不良的童年

奥古斯丁－路易·柯西是法国现代第一个伟大的数学家。他于 1789 年 8 月 21 日出生在法国巴黎，这时距离巴士底狱被攻占已整整 38 天。柯西的父亲路易－弗朗索瓦是一个议会律师，他在古典文学和圣经学上很有造诣，是个有文化的绅士，并且在巴士底狱被攻占时是巴黎的警察中尉，很难想象他是怎么在大革命中逃过上断头台的命运的。柯西的母亲是玛丽－马德莱娜·德塞斯特，她和路易在法国大革命爆发前两年就结了婚，夫妻两人都是非常虔诚，甚至有些顽固的天主教徒。

柯西家中有 4 个男孩、2 个女孩，他是最大的那个。柯西的童年时代是法国大革命最残酷的血腥时期。当时人们反对科学，也不需要文化，于是学校都被迫关闭了。暂时行使统治权力的政府对有文化的人和科学家非常不友好，要么任由他们饿死，要么将他们送上断头台。柯西的父亲为了躲避这场灾难，举家迁往阿格伊村的老宅。

乡下的日子很清苦。老柯西为了能喂饱一家人，只能亲自种植一些蔬菜和水果。大人们长期处于半饥饿的状态，当时还是婴儿的柯西也没好到哪儿去。他长得很瘦小，营养不良又导致其发育不健全。柯西 19 岁时才从早期营养不良的状况中恢复过来，这让他一生都得关注身体健康的问题。

柯西一家在乡下过了 11 年的隐居生活。在这 11 年里，老柯西担负起了孩子们的教育任务，他用流畅的诗体语言编写了几本教科书。他认为在教青少年阅读语法、历史和伦理学时，如果使用诗歌体的语言，他们就不会那么反感和排斥。事实证明，老柯西的做法是对的。在父亲的悉心培养下，年轻的柯西能够自由流畅地写法文诗和拉丁文诗，这个爱好伴随了他一生。成年后的柯西甚至还出版了一本关于如何用希伯来文作诗的书。

柯西在父母的教育下继承了许多可贵的品质，然而老柯西的课程大部分是狭隘枯燥的宗教说教，这也让他变成了一个堂吉诃德式的偏执的天主教徒。挪威数学家阿贝尔出身官僚家庭，是个地地道道的基督徒，但是在谈起柯西时，他在家书中如此写道："柯西是个偏执的天主教徒，这对一个科学家是件奇怪的事情。"其实，欧洲几乎所有人都信仰宗教，包括科学家们，他们可以很虔诚，却很少这么偏执。

大数学家们与小柯西

在阿尔克伊，前来躲避大革命灾祸的还有拉普拉斯和克劳德－路易·贝托莱。他们两个是非常要好的朋友，连庄园都建得紧挨在一起，中间只用一道院墙隔开，再在这道墙上开个门，每家各有一把钥匙，以便能够随时拜访对方。贝托莱是著名的化学家，他的性格有些古怪，不喜欢交际。在大革命期间，他由于精通火药而保住了脑袋。

而在大数学家和大化学家的隔壁，就是生活清苦的柯西一家。尽管拉普拉斯和贝托莱在宗教信仰方面都不够虔诚，老柯西却乐于和这些著名的科学家邻居交朋友。和贝托莱不同，拉普拉斯喜欢广交好友。

在拜访老柯西的时候，拉普拉斯不禁大吃一惊：年轻的柯西是那么瘦弱，以至于他不能像发育正常的孩子那样跑来跑去，反而像个忏悔的修士，全神贯注、津津有味地躲在一个角落里读着书。柯西对知识的渴望和他那近乎疯狂的学习状态打动了拉普拉斯，他每次来拜访的时候，都有意无意地关注柯西的发展。没过多久，拉普拉斯就发现这孩子有着非凡的数学才能，但他的身体太孱弱了，过早学习数学对他没有任何好处。于是，这位大名鼎鼎的数学家就劝告小柯西一定要量力而行。

拉普拉斯没想到，这个他曾经劝告过的小男孩有一天会让他心惊胆战、忧心忡忡。那是 20 年后的某一天，拉普拉斯参加了法兰西科学院一个论文报告会。在会上，青年数学家柯西对无穷级数的敛散性问题第一次做出严格的论述。

什么叫无穷级数？什么是它的敛散性呢？

其实，算术的循环小数已经蕴含了无穷级数的初步思想。例如：

$$\frac{1}{3} = 0.33333\cdots$$

这个循环小数就是无穷多项数累加的结果：

$$0.3333\cdots = 0.3 + 0.03 + 0.003 + 0.0003 + \cdots$$

无穷多项数（或函数）相加，称为无穷级数，它是数学分析不可缺少的一个组成部分。

有的级数，例如上述的级数，它有确定的和（这里是 $\frac{1}{3}$），叫作收敛的；有的级数，例如 $1+2+3+4+\cdots$，它的后一项比前一项多 1，这个级数的和没有确定的值，叫作发散的。对发散的级数，是不能做四则运算和微分、积分等分析运算的，甚至连代数里的结合律、交换律等也不适用。我们可以举一个简单的例子。考虑级数 1–1+1–1+1–⋯，如果利用结合律，那么可以把级数写成 (1–1)+(1–1)+(1–1)+⋯，它的和显然等于 0。可是，如果把级数写成 1–(1–1)–(1–1)–(1–1)–⋯，它的和就是 1。这样，根据"同等于第三个量的两个量相等"的公理，就应得出结论：1＝0。这当然是荒谬的。可是，除了高斯，18 世纪的数学家们大都忽略了这一点，在计算中几乎不加区别地使用这些级数，形成了数学分析研究中的一个重大缺口。阿贝尔后来埋怨这种情况："把不管什么样的任何证明建立在发散级数的基础之上，都是一种耻辱。利用发散级数，人们想要什么结论就可以得到什么结论，而这也是发散级数已经产生这么多的谬论和悖论的原因。"

在报告会上，柯西第一次明确地指出这两种级数的本质区别，并且提出判别它们的准则。他的深刻论述成为数学分析严密化的一项重要内容。拉普拉斯听着柯西的论述，忧心不已。因为在他撰写的《天体力学》中，他使用了大量的无穷级数，而他忽视了敛散性这个极端重要的因素，自己花费几十年辛苦建造起来的天体力学大厦可能因此毁于一旦。拉普拉斯回到家后，花费了大量时间和精力，将他书中所有的收敛性级数按照柯西的方法一一检验，确定无误后方才无限宽慰地松了口气。

1800 年 1 月 1 日，老柯西获得了东山再起的机会。此时，大革命的声势逐渐衰落，法国国内对待知识分子的形势也不再严峻。老柯西一直与巴黎保持着谨慎的联系，这让他能够把握住时机，当选了上议院的秘书。老柯西的办公室被安置在卢森堡宫，为了能够继续监督儿子的受教育情况，他将屋里的一个角落作为书房，让柯西也搬进这间办公室，继续完成学业。而拉格朗日作为综合理工大学的教授，经常来与老柯西讨论事务。于是，年轻的柯西与拉格朗日幸运地相遇了。

在此之前，拉格朗日曾听拉普拉斯对他讲过小柯西与众不同的天赋，但不是特别相信。没想到，在和小柯西接触没多久，拉格朗日就被他展现出来的数学才能打动了。一次，拉普拉斯和其他几个法国知名数学家正与拉格朗日讨论问题，小柯西巧妙地解开了他们正在研究的问题，拉格朗日顿时禁不住激动之情，指着角落里的小柯西说："你们看见那个瘦小的年轻人了吗？将来，这个年轻人将取代我们！"

考虑到小柯西的营养不良，拉格朗日给了老柯西一些忠告，如不要让小柯西在 17 岁之前学习高等数学，以免损害小柯西的健康。后来，拉格朗日又告诫老柯西，赶快给小柯西加强文学教育，否则等他成为一名伟大的数学家之后，他会没法用流畅的文字写出属于他自己的著作。老柯西谨记这些劝告，在放手让儿子从事高等数学研究之前，全力辅导他的文学学习。

13 岁时，柯西进入了庞特昂中心学校。拿破仑在这里设立了奖学金，还有一个全法国所有学校的学生都可以参加的大奖赛。柯西刚进入学校，就获得了希腊文、拉丁文作文和拉丁诗的头等奖学金，他立即成了学校里的明星。随后 10 个月里，他跟随一名导师对数学做了深入细致的研究。1804 年，柯西赢得了全国大奖赛和一项古典文学特别奖。同年，他还第一次领了圣餐，这对任何天主教徒都是一生中最庄严美好的时刻。

1805 年，16 岁的柯西以第二名的成绩考入了综合理工大学。在这里，他过得并不愉快，早年受到的宗教教育令他总试图说服别人皈依宗教，又不分场合地严格执行宗教仪式，弄得同学们总是无情嘲弄他过分的宗教虔诚和偏激的态度，甚至想出各种恶作剧来作弄他。

1807 年，柯西被迫从综合理工大学转到土木工程学校。虽然他只有 18 岁，但他很快超过了比他早入学两年的学生，并被校方早早点名，以后需要他担任特殊职务。

1810 年 3 月，柯西完成了学业。此时，拿破仑正值权力巅峰，他统治了西欧和中欧，俄国的沙皇做了他的盟友。现在，只要收服英国，拿破仑在欧洲就所向披靡了。进攻英伦三岛要有一支庞大的舰队。远征计划急需解决的第一个项目，就是建设港口和抵御英国远洋舰队袭击的阵地。法国西北部的港口城市瑟堡无疑是执行这项计划的理想地点，从这里越过英吉利海峡到英格兰登陆，不过 100 海里路程。所以，拿破仑急需大量人才帮他完成帝国梦想。柯西在学校里表现出了杰出的才学和大胆的创见，因此被挑选出来，担任这项重要的工程任务。

第一次赴任

1810 年 3 月，柯西离开巴黎，前往瑟堡，这是他人生中的第一次赴任。这时距离滑铁卢之战爆发还有 5 年的时间，拿破仑仍然信心十足地期待着从海上占领英国。柯西也期望着在这次任命中成为一名伟大的军事工程师。

柯西的行李非常简单。他只带了 4 本书：拉普拉斯的《天体力学》、拉格朗日的《解析函数论》、托马斯·厄·肯培的《效法基督》和一册维吉尔的作品。这 4 本书对一个雄心勃勃的青年军事工程师来说是一种不寻常的搭配，但是也彰显了柯西的爱好、理想和追求。

拉格朗日曾预言"这个年轻人将取代我们"，《解析函数论》就是帮助柯西实现这个预言的最理想的著作。它不仅让柯西知道了前辈数学家为数学分析的严密化所做的种种尝试，获得了有益经验，还让他看出了前人理论中的严重缺陷，由此创造出了一套属于他自己的严密分析的函数理论。柯西扫荡了 100 多年来分析领域的混乱，成为法国第一个现代数学家。

《效法基督》这本书令柯西在同事之中显得格格不入，他总是请他们指出自己的行为有什么不对之处，他好进一步改正。这种过分虔诚的态度让同事们觉得他疯了。他的母亲则听到谣言，说她的儿子即将变成一个不信仰宗教的人。为了安抚母亲，柯西写了一封虔诚的长信，消除了母亲的疑虑。

然而，对宗教的信仰和理想与现实的差距让柯西陷入了迷茫、痛苦。他只能依靠撰写数学论文来逃避这种矛盾的状态。1811 年 7 月 3 日，柯西在一封家书中写道："我早上 4 点钟起床，从早忙到晚。这个月，我的日常工作因为西班牙俘虏的到来而增加了。我们在 8 天前才接到通知，在这 8 天当中，我们必须建造营房，准备供 1200 人用的行军床……俘虏到来之前两天，我们准备好了住处和被子。俘虏们一来就有了行军床、稻草、食物，他们认为自己非常幸运……工作并没有把我累着。相反地，它使我坚强，我非常健康。"

这封家书是安慰父母的，柯西在瑟堡的 3 年由于过度工作而精疲力竭。在繁重的本职工作之外，他找时间从事研究工作。他将数学的各个分支从头到尾梳理了一遍，从阿基米德到天文学，把模糊的地方都弄清楚，再根据他自己的方法，简化证明，发现新的定理。这项工作本身就足够庞大复杂的了，柯西竟然还能抽出时间来给别人上课。人们请求他给他们上数学课，以便能在专业考试上晋升。柯西甚至抽出时间来，通过指导改进学校的考试来帮助瑟堡的市民更好地学习数学，而这一切工作让柯西学会了教书。

1812 年，拿破仑在莫斯科惨败，随后他的一系列军事进攻都遭到挫败。这让拿破仑无心侵略英国，瑟堡的工作也就进行不下去了。1813 年，24 岁的柯西回到巴黎，人们很快就会遗忘他的瑟堡之行，但是他的研究工作，特别是关于对称函数和多面体的论文，即将在数学史上留下浓墨重彩的一笔。

第一篇论文

对于正多面体，我们都很熟悉，中学的立体几何课本里介绍了 5 种正多面体，即正四面体、正六面体、正八面体、正十二面体和正二十面体。早在 2000 多年前，古希腊数学家毕达哥拉斯和他的学生就已经发现了它们。不过，法国数学家、力学家普安索提出了新的疑问："除了这 5 种正多面体，还存在其他正多面体吗？"

为了解决这个难题，法兰西科学院提出了"在几个基本点上完善多面体理论"这个有奖问题。拉格朗日之前对柯西留下了深刻的印象，因此提议由他来进行这个问题的研究。1811 年 2 月，柯西提交了他的第一篇关于多面体的论文。他在这篇论文中对普安索的问题给出了否定答案：除了以上 5 种正多面体，不存在其他正多面体。在这篇论文的第二部分，柯西扩展了欧拉的公式，把多面体的边数（E）、面数（F）和顶点（V）联系在一起，得到一个公式：$E+2=F+V$。现在，在中学的立体几何课本里可以找到这个公式。

论文发表后，勒让德对它的评价很高，鼓励柯西继续研究下去。于是，1812 年 1 月，柯西写了第二篇论文。这两篇论文里提到的内容到今天已经没有太大介绍的必要，但是它在当时所引起的激烈争论对今天的数学仍有重大意义。当时，勒让德和马吕斯当了这篇论文的评阅人。勒让德对柯西的成就大加赞扬，预言他将做出更伟大的工作。马吕斯则反应冷淡，因为柯西在证明最重要的一些定理时用了"间接法"，马吕斯反对这种证明方法，认为它什么都证明不了。

原来，在古希腊哲学家亚里士多德发现的逻辑基本规律中，有一条叫"排中律"。它告诉我们："一物或者具有某种性质，或者不具有某种性质，两者必居其一。"比如说，一个数要么是素数，要么不是素数，不会有第三种可能。因此，在数学中，有时候直接证明一个命题比较困难，就可以先假定这个命题不成立，然后从这里推导出矛盾的结果。根据排中律，这个命题或者成立，或者不成立，两者必居其一。现在，既然在这个命题不成立的前提下推导出了矛盾的结果，那么这个命题成立。这种称为"反证法"的证明方法是今天每个学过平面几何的中学生所熟悉的，可是在当时还没有被人们普遍接受。

马吕斯反对这种方法，有些吹毛求疵。这是因为马吕斯本身不是专业的数学家，他在拿破仑进攻德国和埃及的战役中担任工兵军官，通过折射现象偶然发现了光的偏振，并因此成了知名人物。所以，柯西把马吕斯的批评当作顽固的物理学家的苛刻。而马吕斯也在提出这个批评后两个月，暴病离世。

争论似乎已经结束。可是，谁也没有想到，过了整整100年，荷兰数学家布劳维在1912年成功地证明了：亚里士多德逻辑，例如排中律，在数学中的确不能不加限制地任意使用，特别在无限集合中更是不能这样。对神圣的亚里士多德逻辑的这个挑战，有人称它是现代的芝诺悖论，强烈地震动了数学界。它给数学的基础研究提出了新的课题，有力地刺激着数学向着更深远的方向发展。

蒸蒸日上

从瑟堡归来的柯西，经过两年的沉淀，已经稳步走在攀登数学顶峰的路途上。18世纪，数学家们处理的基本还都是实数，复数对不少科学家来说是个不可思议的概念。但是，引力理论、流体力学等领域涉及大量跟复数有关的问题。欧拉、达朗贝尔和拉普拉斯等人曾经将复数作为一种工具对其做过研究。不过，在他们心目中，复函数不是基本的实体。为了做微分或积分的运算，只好把复函数的实部和虚部分开进行研究。真正取得进展的是高斯，他让人们愿意接受复数这个陌生概念。可惜由于他太保守，公开发表的复函数理论文章极少。而柯西正是接过高斯手中关于复函数的旗帜的人，他使得复函数理论从应用科学的一种工具上升为数学研究的一个全新领域。数学家莫里斯·克莱因说："从技术观点来看，19世纪最独特的创造是单复变函数的理论。……这个新的数学分支统治了19世纪，几乎像微积分的直接扩展统治了18世纪那样。函数论，这一最丰饶的数学分支，曾被称为这个世纪的数学享受，它也曾被誉为抽象科学中极为和谐的理论之一。"

1814年，柯西发表了他在复函数问题上的一篇论文——《关于定积分理论的报告》，开启了他作为单复变量函数理论的独立创造者和发展者的伟大事业。其实，高斯在1811年已经得出了基本定理，比柯西早了3年。随后，柯西在这方面的论文接踵而至，特别是《关于积分限为虚数的定积分的报告》，这篇更为详尽的论文被认为是柯西最重要的著作。但是，这篇巨著直到1827年才发表，推迟发表的原因是文章太长了，足足有180页。这可给经费紧张的法兰西科学院和综合理工大学增加了不小的印刷费用负担。

1815 年，柯西证明了费马提出的极为困难的定理之一：每个整数是 k 个 k 角数之和。这里 k 为大于 3 的正整数。

费马的定理指出，任何一个整数可以表示为 3 个三角数之和，也可以表示为 4 个四角数之和、5 个五角数之和。三角数即正整数前 n 项和：1，3，6，10，15，21……$\frac{n(n+1)}{2}$。想象一下建筑工地堆放的圆木条，从侧面看它们堆积成三角形的样子，用点来表示就是这个样子：

而四角数就是能排列出正方形的数，也就是平方数，即 1，4，9，16……。用点表示就是：

这个证明曾经令许多数学家感到难以攻克。欧拉、拉格朗日和勒让德都尝试证明它，却都失败了。唯有高斯证明出了 k=3 时的结果，但他没有公开发表，只是默默记在了自己的日记本里。如今，柯西证明了 k≥3 时的一般情况，登上了许多前辈大师没有到达的高峰。

1816 年，柯西凭借论文《波在深度无限的黏滞液体表面的传播理论》，赢得了法兰西科学院的大奖。柯西证明了自己在应用数学方面同样极具天赋，而海洋的波浪正是论文中数学模型研究的实际对象。这篇论文在印刷时长达 300 页。

这一连串的辉煌成果，将柯西一路推向科学院院士的席位。27 岁的柯西在名声上已经到达了顶点，在数学界能够与之匹敌的只有高斯，但是高斯过于沉默，柯西在欧洲的名望甚至盖过了高斯。

入选科学院院士对柯西来说已经是水到渠成的事，不过当时没有空缺了。好在有两个席位很快就会空出来，他们是 70 岁的蒙日和 63 岁的卡诺，这两个人年事已高，很快就会让贤给充满创造力的柯西。蒙日我们已经谈过了。卡诺是彭赛列的前任，他能在科学院拥有席位是因为他恢复并发展了帕斯卡和德萨格的综合几何，并尝试为微积分学建立牢固的逻辑基础。除了数学，卡诺在法国政治历史上也享有盛名，他在 1793 年组织过 14 支军队，挫败了欧洲反民主联盟的疯狂反扑。当拿破仑开始为自己谋求权力的时候，卡诺由于反对他的暴君统治而被放逐，并说："我跟所有国王都势不两立。"而在 1812 年拿破仑远征俄国失败后，卡诺又要为国参军，对抗外敌，他是个愿意为祖国而战的军人。

历史的车轮滚滚向前，带动着每个人的命运。当拿破仑从流放之地逃出，"百日王朝"的荣光终究没能战胜波旁王朝的逆流复辟，重新组建的科学院在王室的压力下开除了卡诺和蒙日。卡诺是个军人，他立场鲜明地反对王权，所以开除他没什么可说的；驱逐蒙日则是肮脏卑劣的政治手段。不凑巧的是，柯西拥立波旁王室，虔诚地相信王室是上帝派来统治法国的使者，哪怕上帝派来的是个糟糕的统治者，他也没有任何怨言。所以，当他作为蒙日的替代者坐上院士的位置时，反对他的浪潮一波接一波。柯西单纯又真诚地认为不管拥立谁，他都只是对上帝和法国尽忠而已，丝毫没有追求私利。

当时，柯西已是巴黎综合理工大学、法兰西学院和索邦大学的数学教授。旺盛的精力让他的数学活动高产又高效。他几乎每个星期都会给科学院写两篇长长的论文，他还帮忙起草了大量投稿给科学院的其他人写的论文的报告，又利用挤出来的时间源源不断地写作短篇论文，这些论文内容涉及纯数学和应用数学的所有分支。学者和学生们都喜欢听柯西讲他的新理论，尤其是他对分析学和数学物理学新理论的思路清晰的讲解。这些听众里有来自柏林、马德里和圣彼得堡的著名数学家。

虔诚的信徒用分析学挑战了"上帝"

在拉格朗日的鼓励下，柯西根据他在综合理工大学讲过的分析学内容，写出了一本教程——《皇家综合理工大学分析教程》。两年后，《无穷小计算概要》和《微分学讲义》先后问世。想要理解柯西这几部著作的重大意义，就要从微积分在 18 世纪的处境说起。

自牛顿、莱布尼茨在 17 世纪 60 年代创立微积分以来，经过无数数学家的不懈努力，微积分的应用范围已经扩展到科学的各个领域。可是，经过一个半世纪的发展，微积分的理论基础仍然混乱不堪。什么叫极限，什么叫无穷小，什么叫连续……这样一些微积分的基本概念众说纷纭，始终没有统一的标准。阿贝尔谈到这种矛盾的现象时说："人们在分析中确实发现了惊人的含混不清之处。这样一个完全没有计划和体系的分析，竟有那么多人能研究它，真是奇怪。最坏的是，从来没有人严格地对待过分析。在高等分析中，只有很少几个定理是用逻辑上站得住脚的方式证明的。人们到处发现这种从特殊到一般的不可靠的推理方法，而非常奇怪的是，这种方法只导致了极少几个所谓的悖论。"

微积分基本概念找不到精准的表达形式主要有两个方面的原因。一方面是 18 世纪数学家们的主要精力大都放在了微积分的应用上。就好比大家都急于用微积分盖起宏伟的高楼大厦，而忽略了这栋高楼的地基是否足够稳固。

另一方面则更为重要，当时的数学家们都希望微积分的概念能在几何直观中找到依据，因为当时算术和几何概念大部分是建立在像线段长短和面积大小这样一些几何量的观念上的。微积分的创造者最初也是把微积分作为解决几何问题涉及的量之间的关系的一个工具，例如利用它来求曲线某一点的切线或平面曲边图形的面积等。但是，当时的科学界被机械唯物论的思想统治，他们只承认数量的增减和位置的变动，而无法接受一个图形的性质全部形象地化为另一个图形的性质这样一种解释。唯心论哲学家们更不会放过科学上的每一次"危机"，巩固自己的地位。主观唯心论的重要代表贝克莱主教嘲笑无穷小是"已死量的鬼魂"。他认为，牛顿把"一个无穷小的 0"最初假设为不同于 0，后来又把它看作 0，是"分明的诡辩"。他趾高气扬地对着那些"不信神的数学家"喊叫："谁要了解一个第二次或第三次流数，一个第二次或第三次差分，我想，就不需要对神有任何一点嫌弃了。"根据贝克莱的意见，人们当然只能跪倒在神的面前，乞助神的威力，来扫除分析基础上的疑难了。

为了反驳神学家们的妄言，许多数学家都试图澄清分析在逻辑上的混乱，但没有取得任何重要的进展。这时，柯西出现了。他是虔诚的天主教徒，同时是遵循数学严格性的使徒，在数学不可辩驳的事实面前，他不自觉地接受了朴素的辩证法思想。他一反传统做法，摒弃了利用几何直观或运动来建立微积分基本概念的方法，创造性地把这些概念明确地定义为算术的，而不是几何的。《皇家综合理工大学分析教程》《无穷小计算概要》和《微分学讲义》这三部著作提供了严格的标准，并且对分析学有长期的指导意义。即使在今天，柯西在这本教程中给极限、连续和无穷级数收敛性下的定义仍然有效，任何一本微积分学书都不会回避他给出的标准。从这本《皇家综合理工大学分析教程》的前言中摘取一段内容，以便我们了解柯西所想与所做的：

"我竭力将几何中所要求的全部严格性赋予分析学，做到决不涉及代数的形式主义。这一类形式主义的推理，虽然广为承认，但它主要是在从收敛级数到发散级数，从实量到虚量的过程中得来。在我看来，不能认为它是什么超出归纳法的东西，它有时暗示着真理，但是它与数学引以为豪的严格性没有什么一致的地方。我们也必须注意到，它们倾向于造成一种据认为是代数公式所有的、模糊的有效性。而实际上，这些公式大多数只在某些条件下才有效。通过决定这些条件，通过精确确定我所用的记号的意义，我将消除一切不确定性。"

柯西以一个虔诚教徒的身份，推翻了"上帝"制定的权威。

分析学著作只是柯西众多成就中的一部分。他在数学研究上始终保持着旺盛的生命力，他的创作能力到底有多强呢？1826到1830年，他不得不创办一本属于他自己的数学论文杂志《数学练习》，以发表他在纯数学和应用数学方面的独创性和评论性著作。这本杂志在第二辑出版时更名为《分析数学与物理练习》。杂志的销量很好，对1800年以前的数学风格做出了变革。

再举一个例子以说明柯西在数学研究上的惊人的生命力。1835年，法兰西科学院开始出版周刊，这又为柯西提供了一个发表论文的新平台，他立即让这个新周刊充满自己的短论和长篇专题报告。法兰西科学院对迅速堆积的印刷稿件感到震惊，于是专门针对柯西制定了一项规定：禁止刊登超过10页的长篇文章。这令柯西有些遗憾，他的那些长论文，包括一篇关于数论的长达300页的论文，不得不在其他地方发表。

即便如此繁忙紧张地工作着，柯西仍挤出时间来谈了个恋爱。1818年，柯西与意中人阿洛伊斯·德比雷喜结连理。新娘来自一个有教养的传统家庭，也是一个虔诚的天主教徒。柯西的婚姻生活非常幸福，两人共同生活了近40年，育有两个女儿。

效忠国王

柯西的家庭生活非常幸福，数学研究硕果累累，可是在别的方面，他像个毫无洞察力的孩子。

1830年7月，法国刮起一场政治风暴。路易十六的堂侄路易·菲力浦赶走了波旁王朝的末代皇帝查理十世。柯西作为庄严宣誓效忠查理的公职人员，拒绝为七月王朝服务。

新王朝将查理十世放逐，让他从法国流亡至英国，再到布拉格。40岁的柯西不堪忍受所效忠的偶像遭受这份痛苦，这实在有违他在神的面前立下的誓言，巴黎美满幸福的生活则是对他的羞辱。于是，他断然放弃了法国所有的职务，抛弃温馨的家庭，追随查理十世，自愿被流放到国外。柯西这么做不是为了取悦查理十世，而是为了忠于自己的誓言。实际上，查理十世并不知道他做出了如此巨大的自我牺牲。

柯西先来到了瑞士，从科学会议和研究工作中寻求慰藉。不久，撒丁王国国王查理·阿尔贝特听说大名鼎鼎的柯西失业了，就安排他到都灵担任数学物理学的教授。柯西很高兴，迅速地学会了意大利语，并且在自己的课堂上用意大利语授课。不过，柯西过于兴奋了，再加上妻子不在身边，他就开始无节制地熬夜工作，最终生了一场大病。他的朋友们吓坏了，先是逼迫他放弃在晚上工作，又安排他在意大利度假，拜访教皇，游山玩水。柯西很快痊愈了，他一心盼着回到都灵继续进行教学和科研工作。

可是，在布拉格流亡的查理十世打断了柯西的计划。他希望柯西能够肩负起国王继承人、13岁的波尔多公爵的教育工作。

这个愚蠢的国王根本没有意识到，他将给柯西的科研工作带来多么大的损失。

柯西也没有意识到自己在干什么。能够为偶像效忠足以令他失去全部判断力，他欣然前往布拉格报到。事实证明，柯西轻看了教育波旁王朝继承人的这份工作，他不仅是教师，还是男保姆。从教学到生活看护，他都要巨细无遗地兼顾到。无论清晨还是傍晚，柯西不仅要想尽办法将那些初级数学课程重新编写，以便适合教授给那个娇生惯养的孩子，还要时刻照看在公园里玩耍的公爵，避免他因为跌倒而擦破膝盖皮。

精力旺盛的继承人把柯西折腾得筋疲力尽，他没法文思泉涌、大段大段地书写他的论文，只能利用碎片时间冲进他的私人住处，匆匆忙忙在纸上写下一个公式，或者字迹潦草地胡乱写上一小段。

这段时间，柯西最引人注目的工作是关于光的色散理论的长篇论文。柯西把光假设为弹性波，以阐明色散现象，这项工作引起了物理学界的巨大兴趣。虽然这种假设后来被进一步的实验推翻了，但其中的不少公式到今天仍有实用价值。

为了信仰的拔河比赛

1838 年，年近 50 岁的柯西终于意识到通过当家庭教师的方式效忠国王并不适合他。于是，他以自己父母的金婚纪念日为借口，辞别了查理十世和他的继承人学生，回到巴黎去了。

由于科学院院士有特许赦免权，不需要宣誓效忠新政府就可以任职，柯西顺利地恢复了他在科学院的席位。在查理十世那里浪费了 8 年的好时光，柯西准备将他损失的时间都补回来。他的数学活动范围比以往更加宽广了，涵盖了数学所有的分支，以及机械学、物理学和天文学。在他人生最后的十几年中，柯西写出了 500 多篇论文，其中很多都是长篇专著。

总算在巴黎安顿好的柯西，又迎来了新麻烦。此时法兰西学院出现了新的职位空缺，他们希望大名鼎鼎的柯西能来补缺，柯西也同意了。但是，这里没有宣誓豁免权，想在这里任职就必须宣誓效忠新王。柯西拒绝宣誓，他固执地认为路易·菲力浦作为波旁家族的远亲，篡夺了查理十世的"天赋神权"，宣誓就是对"上帝"的不忠。为此，柯西失去了这个职位。好在计量局也需要他这样的数学家，柯西再次一致通过投票而当选。

这时，一场有关信仰的拔河比赛开始了。比赛的一方是柯西和计量局，另一方是政府。政府也知道自己的规定不太合理，所以对柯西不宣誓就进入计量局工作睁一只眼闭一只眼；而计量局里的同事们也忽略了政府关于宣誓才能任职的事，继续与坚守信仰的柯西共事。就这样，双方的拔河比赛僵持了 4 年。

在这一时期，柯西做出了对数学天文学的一个重要贡献。1840 年，勒威耶发表了一篇关于小行星智神星的论文。这篇论文不但篇幅很长，还充满了大量复杂的计算。科学院收到这篇稿子后十分头疼，任何一个审稿人都要花费与作者几乎相等的时间去核实里面的计算问题。这时，柯西毛遂自荐，愿意担任这项工作。他没有采用与勒威耶相同的计算方法，而是找了个捷径，发明了新的计算方法，大大缩短了审核计算的时间，并利用这种方法，推广了勒威耶的成果。

1843 年，柯西与政府僵持的拔河比赛出现了变化。政府不愿被公众当作笑柄，要求计量局辞退不肯宣誓的柯西，再选举其他人补缺职位。柯西再度失业。他在朋友们的建议下写了一封公开信，向公众斥责政府的无理行为。这封信是柯西一生中写得最精彩的东西，虽然也许我们知道他这种堂吉诃德式的行为注定会失败，也许我们觉得他对待宗教的态度过于刻板和愚蠢，但是柯西为我们树立了一个榜样：他愿意为自己的信仰而战，不肯屈服于任何虚伪和强权。柯西为他的选择吃足了苦头，但是他的行为赢得了公众的赞许、敌人的尊敬。

1848 年，路易·菲力浦和他的追随者们被赶下台。临时政府颁布的第一批法令里就有一条：废除效忠宣誓。他们意识到这种宣誓毫无意义。

1852 年，拿破仑三世掌权时又恢复了效忠宣誓。但这时的柯西没再受到刁难，政府私下告知他：他不用宣誓，仍可继续在大学任职。双方心照不宣。政府没有因为自己的宽宏大量而要求柯西前来感谢，柯西也没有因为政府网开一面而变得温顺。大家各干各的事，好像什么都没发生过。从这时直到他生命结束，柯西一直是索邦大学的光荣。但是，人们不知道的是，面对政府的让步，柯西亦做出了高尚的回报：他将自己的薪资全部捐献给了他曾经居住过的西克斯地区的穷人。

他的功绩留下了

柯西一生论著丰富，他写了 789 篇论文，刊印成 14 开本的读物，共出版了 24 卷。历史上，在数量上超过他的只有欧拉。柯西逝世后，有人批评他的作品为了追求速度和数量而粗制滥造。但是，不要忘了，柯西的作品只有一小部分质量不高，其他的都属于第一流的著作。所以，这样的批评并不中肯，能说出这种话的人通常自己写的作品非常少，而且缺乏创新内容。举世公认的是，即便经过了两个世纪，柯西的工作与现代数学的中心位置仍然相去不远。柯西作为现代数学家的威望，至今有增无减。他引进的方法，开创了近代数学严密性的新纪元；他那无与伦比的创造力，特别是对复函数的卓越贡献，名留史册。

柯西待人有礼有节，温和谦恭，但他也不是一个十全十美的人。他在宗教上喜欢感情用事。有一次，英国著名的物理学家威廉·汤姆孙前去拜访柯西，与他讨论数学问题时，他就趁机劝说汤姆孙这个坚定的苏格兰自由教会信徒皈依天主教。而在数学上，他可以为了优先权跟别人争得面红耳赤，只要碰触到他的原则问题，柯西就会变得无比顽固。

还有一件事让柯西在科学界的人缘变得不太好。在科学院和科学团体中，候选人往往通过人们投票来获得认可，投票的唯一标准则是候选人在科学研究上做出的成果。而柯西常常根据候选人的宗教和政治观点来进行投票，这让他晚年的社交生活过得很不愉快。

1857 年 5 月 23 日，柯西去乡下休养，希望乡下清新的空气、优美的环境能对他的支气管病有所帮助。谁知道，他的情况变得更加糟糕。在跟巴黎大主教谈论他的慈善工作之后，柯西突发高烧，在 68 岁时猝然离世。他最后的话是对大主教说的："人们离开了，但他们的功绩留下了。"

这句话同样适用于评价柯西对数学的贡献：他已离世，但他的功绩留下了。

7

罗巴切夫斯基

Nikolas lvanovich Lobachevsky

罗巴切夫斯基的理论是他同时代的人无法理解的，
因为它与几千年来建立在偏见之上的公理相违背。

——罗巴切夫斯基著作编者按

在西方历史上，如果称赞一个人是某个领域的"哥白尼"，要么就是对这个人表达至高无上的崇敬，要么就是给予此人最严厉无情的指责。因为哥白尼的日心说戳穿了上帝创造的地球居于宇宙中心的神话，动摇了几千年来神权对自然科学、对普通民众的统治。所以，有人用最美好的语言赞美哥白尼，也有人用最恶毒的语言辱骂他亵渎上帝，威胁教会的统治。而罗巴切夫斯基在非欧几何中创造的一切，以及他对人类产生的深远影响，使他配得上克利福德的评价——"几何学中的哥白尼"。

寡妇的儿子

1792 年，尼古拉斯·伊万诺维奇·罗巴切夫斯基出生在俄国西北部的马卡里耶夫地区。他的父亲是一名负责测量的小官员，家中有 3 个儿子，尼古拉斯排行第二。尼古拉斯的父亲在他 7 岁时就去世了，留下母亲普拉斯科维亚·伊万诺夫娜照料年幼的孩子们。父亲在世时，他的工资仅能勉强维持一家人的生活；他离世后，家中唯一的收入断了，顿时陷入极度贫困。母亲决定带着孩子们搬到伏尔加河中岸的喀山去，她在那里能找到合适的工作，以供养孩子们完成学业。尽管如此，罗巴切夫斯基一家仍挣扎在贫困线上。

1802年，8岁的尼古拉斯进入学校读书，他在数学和古典文学的课程上进步神速。他的两个兄弟学习成绩也非常优异，他们在上中学时已经能够拿到全额奖学金，免费上学，这多少减轻了母亲肩上的重担。尼古拉斯更表现出了非凡的天赋，14岁时便进入喀山大学。此后，他一路从学生、副教授、教授，做到喀山大学的校长，将40年的生命与心血全部倾洒在这所大学里。

这时，学校的领导层希望将喀山大学建设成能与欧洲所有知名大学相匹敌的学校。于是，他们从德国请来了几位杰出的教授，其中就有天文学家利特罗，他后来成为维也纳天文台的台长。利特罗慧眼识珠，看出了罗巴切夫斯基所展现出来的天赋，并给予他鼓励，令他在学术研究上一展所长。

1811年，罗巴切夫斯基大学毕业了，按理来说，他应该直接获得硕士学位，但是，学校古板顽固的管理层不能接受将硕士学位授予一个刚刚满18岁的年轻人。年轻气盛的罗巴切夫斯基与校方发生了争执，教师们，尤其是来自德国的教师们，纷纷支持他去争取属于自己的荣誉。短暂僵持后，校方妥协了，让罗巴切夫斯基以硕士学位毕业。

与此同时，哥哥阿列克西斯在喀山大学负责给小公务员们讲授初等数学课程。没过多久，阿列克西斯请了病假，尼古拉斯代替他担任了这个职位。两年后，21 岁的罗巴切夫斯基升职为"见习编外教授"，也就是助理教授。

能者多劳

1816 年，罗巴切夫斯基以 23 岁的年龄晋升为教授。年轻有为的他，精力旺盛，干劲十足，更重要的是他深深热爱着喀山大学。所谓能者多劳，罗巴切夫斯基义无反顾地承担起了许多责任。除了讲授数学课程，他还担负起了天文学和物理学的教学任务。之所以上天文学的课程，是因为一位同事请假了，他负责代课。没多久，他又当选为图书馆馆长和博物馆馆长。

这一时期，罗巴切夫斯基成了工作上的多面手。为了节省经费，将更多的钱装进自己的口袋里，学校领导层拒绝给罗巴切夫斯基雇用助手。面对藏品丰富但分类混乱的博物馆和同样情况的图书馆，罗巴切夫斯基亲自给图书编撰目录，清扫灰尘，给制作的鸟类标本除虫，将纷杂的藏品装箱归类，有时候他甚至还要自己去拖地。光打理两个藏馆还不够，学校见他有如此巨大的能量，索性将他提为物理 – 数学系主任。

1819 年至 1825 年，正是俄国沙皇亚历山大一世在国内推行改革失败的阶段。为了挽救改革失败带来的全面打击，亚历山大开始到处监视那些有知识的人。罗巴切夫斯基作为喀山大学最出色、最能干的人才，被选为喀山所有学生的监督人，这意味着从刚开始学习读书写字的小学生到研读研究生课程的成年人都必须在他的监控范围内，而时刻监督的内容就是学生们是否有反抗沙皇的政治思想。这种工作吃力不讨好，罗巴切夫斯基既不能在间谍监视活动中玩忽职守，让自己受到上司的怀疑和申斥，也不能失去全体学生对他的尊敬和爱戴。在日复一日、年复一年地将监视报告呈送给上司的过程中，罗巴切夫斯基完美地平衡了两者之间的关系：他没有让上司怀疑自己在间谍工作中放水，也保护了自己的学生免受当局监控的伤害。这些足以证明他强大的行政执行能力。

这份高难度的工作持续到了1825年亚历山大一世去世。这时，监督学生的工作结束了，贪污的学校官员由于腐败问题被撤了公职，新上任的官员雇用了一名专职的图书馆馆长。新馆长为了给自己在学校谋求好的政治前途，通过玩弄权术，将罗巴切夫斯基这个前任馆长推上了校长的位置。

1827年，罗巴切夫斯基成了喀山大学的首脑，他立即开始了大刀阔斧的改革工作，令整个学校的面貌焕然一新。他首先整顿了教师队伍，聘请了一些更有才华和能力的教师；接着，他不顾政府对教学的横加干预，主张采用更加自由、具有创造力的教学方式；随后，他以能够满足科学研究需要的最高标准，重建了图书馆。除此之外，他还打造了一个机械车间，以便制造出教学和科学研究所需要的各种仪器；另外又建立了天文台，这一点多少满足了罗巴切夫斯基自己的小爱好——他喜欢观测星空。与此同时，他将俄罗斯境内的各种矿物进行整理，列出清单，将大量藏品源源不断地送进学校的博物馆，丰富馆藏。

罗巴切夫斯基爱喀山大学，他把它当成了自己的孩子。成为校长令他声名显赫，而这并不妨碍他继续在心爱的图书馆和博物馆里干活。只要他觉得哪些地方需要打扫，他就会脱下熨烫整齐的外衣，挽起袖子，摘下领结，亲自干活。有一次，有外宾来学校拜访，他把没有穿外衣、俯身干活的校长当成了学校里普通的工人，并要求罗巴切夫斯基带领自己参观图书馆和博物馆。罗巴切夫斯基自豪地向他展示了自己亲手陈列的最宝贵的藏品，还热心地做了详细讲解。他所展现出来的卓越智慧和彬彬有礼，让客人对"俄国工人"印象深刻。分别时，客人给了罗巴切夫斯基一笔丰厚的小费作为回报，这个举动一下子激怒了他，他拒绝了小费。当天晚上，在省长举办的宴会上，这名客人与罗巴切夫斯基再次相遇了，只是这次，"俄国工人"变成了大学校长和著名的数学家。客人向罗巴切夫斯基表达了诚挚的歉意。

喀山大学是罗巴切夫斯基的生命，他坚信这样一个宗旨：要想使一件事做得令自己满意，要么你亲自去做，要么你对这件事有足够的了解，能够对执行者的工作提出建设性意见。所以，在政府决定扩建学校并将老旧建筑翻新，使其更加现代化时，罗巴切夫斯基把这件事当成了自己的事情，一丝不苟地去执行。为了让这项工作做得又快又好又省钱，罗巴切夫斯基自学并精通了建筑学。在他的指导下，无论是新建筑，还是翻新的老建筑，都美观实用，而且造价低于政府拨出的经费。及至 1842 年，喀山发生了一场灾难性的大火，波及半个城市，喀山大学很多建筑也被付之一炬。不过，得益于罗巴切夫斯基冷静沉着的指挥，教学和科研用的仪器与图书馆得以保存。火灾之后，他亲自负责学校重建工作。两年后，新大学拔地而起，已经完全看不出火灾留下的痕迹。

同样在 1842 年，在高斯的斡旋下，罗巴切夫斯基由于对非欧几何的创造，被选为格丁根皇家学会外籍通讯院士。令人难以想象的是，像罗巴切夫斯基这样担负着繁重教学任务和行政工作的人，竟然还能有时间和精力从事科学研究工作，哪怕是一件普通的科研工作都让人惊叹，罗巴切夫斯基却在 20 年的时间里，创造了数学中最伟大的杰作和人类思想的里程碑——非欧几何。

功高至伟

除了数学——后面我们会详细介绍罗巴切夫斯基对数学的贡献，罗巴切夫斯基对瘟疫的预防也走在了整个西方社会的最前端。

1830 年，喀山暴发霍乱。当时，人们对于细菌会引起疾病这件事还一无所知。有些思想进步的人已经开始怀疑不讲究卫生的习惯和瘟疫之间存在密切关系，起码这比认为上帝因愤怒而降下瘟疫要靠谱得多。但是，还没有相关的防疫手段和政策管控霍乱的流行。

在喀山，人们对付霍乱的普遍方法是由神父们将疫区的人带进教堂，一起祈祷。如果有人因霍乱处在垂死状态，神父们就会祈求上帝赦免他的罪孽；如果有人因霍乱而死，他们就会埋葬他。罗巴切夫斯基意识到就这么听天由命可不行，他劝说全体教职工把他们的家人带到学校里，请求学生们跟他一起投入对抗霍乱的战役。他们把窗户密封起来，制定严格的卫生标准，要求每个人都按照这个标准，每天饭前便后洗手；组织人手管理饮食，确保有足够的食物能够供应给大家。如果有人生病了，就将他隔离，派专人看护。

事实证明这种办法对阻止瘟疫传播非常有效，罗巴切夫斯基的方法保护了 660 名学校员工及家人。在没有有效治疗霍乱的药物的情况下，这 660 人中仅有 16 人不幸离世，死亡率低于 2.5%，远远低于整个城市在传统治疗方法下的损失。

罗巴切夫斯基的举动拯救了几百条生命，他作为一名数学家也得到了整个欧洲大陆的认可，他原本应从政府那里获得至高无上的奖赏和荣誉，可是迎接他的是灭顶灾祸。1846 年，罗巴切夫斯基在喀山大学执教已经超过 30 年。按照大学委员会的条例，他应该离开教授的工作岗位。于是，罗巴切夫斯基向教育部提出免去他物理 - 数学系主任的教授职务，由他的学生波波夫来接任。谁知，教育部以此为由，不仅免去了罗巴切夫斯基的教授职务，还免去了他包括校长在内的在喀山大学的一切职务，让他去担任喀山的督学帮办。这种毫无理由的粗暴任命，无异于剥夺了罗巴切夫斯基的毕生心血，简直是对他人格和职业生涯的双重侮辱。此时，罗巴切夫斯基 54 岁，正值进行科学研究的盛年时期，喀山大学的全体教授和工作人员不顾自身安危，向政府强烈抗议这种暴行。但是，沙皇当局完全忽视了这群教授的抗议，拒绝对这个决定做出任何解释。

其实，罗巴切夫斯基被解职的真正原因早就深埋在他几十年的教学生涯中了。当他还是喀山大学学生的时候，由于成绩优异，他受到教授们的赏识而被选为班长，可是校方因为他过于活跃，不好控制，很快把他免职；成年后，罗巴切夫斯基由于工作出色不断得到晋升，但是主管当局一直认为他"在很大程度上表现出无神论的特征"，是一个潜在的危险人物；当罗巴切夫斯基出任校长后，他鼓励教师在讲学中传播反对专制统治、反对宗教迷信的观点，对学生中反政府的秘密活动不但不加打击，甚至暗中予以保护；特别是罗巴切夫斯基长期以来致力于非欧几何思想的发展，公开怀疑欧几里得平行公理，直接动摇了旧世界的统治根基，他早就成了反动统治官僚们不除不快的眼中钉。

然而，这种公开的羞辱让罗巴切夫斯基的身体迅速垮了下来。第二年，由政府精心挑选的新校长一上任，就严厉镇压一切对政府的不满行为，禁止学生的社团活动。罗巴切夫斯基失去了重返大学的最后希望。他只能偶尔在大学考试的时候协助监考。但是，他的视力迅速衰退，连这个闲差也渐渐无力胜任。

尽管如此，罗巴切夫斯基依然深爱着这所大学。可是，另一个噩耗将他彻底击垮了，他心爱的儿子不幸病亡，这成为压倒他的最后一根稻草。1855 年，喀山大学举行成立 50 周年庆典，罗巴切夫斯基怀揣敬意前来参加典礼，并送上了一部他的著作《虚几何学》。这本书倾注了他科学生涯的全部心血与智慧。然而，罗巴切夫斯基没能亲手写出这本书，他那时已经失明了，只能依靠口述，并由别人代笔。最终这本书分别用俄文和法文出版。

1856 年 2 月 24 日，罗巴切夫斯基与世长辞，享年 62 岁。

挑战千年权威

罗巴切夫斯基伟大而充实的一生讲完了，接下来让我们看看他在数学上到底做出了怎样的卓越贡献，以至于撼动了旧世界的根基，让他步入了现代数学的圣殿。

在此之前，我们需要介绍一下欧几里得几何和它所传递的哲学思想。欧几里得几乎是当代中学几何的代名词。可是，除了知道欧几里得大约的生卒年是在公元前330年到公元前275年，我们对他的生平知之甚少。他的《几何原本》共有13卷，流传至今已有2000多年的历史，这本书里包含了初等几何的全部定理和命题。今天中学几何学的内容，基本就选自《几何原本》13卷中的6卷，而且有的地方一字未改。它从定义、公理出发，逻辑严格，推导过程完整，以至于2000多年来被数学家和哲学家奉为唯一的几何真理。欧几里得几何又被称为欧氏几何。

那么，欧氏几何真的就那么无懈可击，是世界上唯一的几何真理吗？

几何学里，为了保证论证的严密性，每一步推理后面都会注明限制条件。比如说，为了说明两个角相等，就得指出它们是作为对顶角相等，还是作为平行线的内错角相等，以及其他限制条件。像对顶角或内错角相等这一类论据，在几何学里叫作定理，而定理是由定义和公理根据逻辑推理得到的。比如，为什么对顶角∠1和∠2相等？从下图中可以看出，那是因为∠1+∠3等于一个平角，∠2+∠3也是一个平角；从两个平角里各减去∠3，它们的余量∠1和∠2应该相等。为什么余量应该相等？这里是根据一条公理："等量减等量，余量相等。"

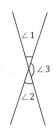

如果打破砂锅问到底，那公理又是根据什么得到的呢？之前在谈康德哲学时说过，欧几里得几何的公理是必然的、先天的观念，它出自纯粹的理性，是先验性的，和经验无关。这套理论和当时宗教统治的目的相吻合，于是康德的理论就被演化为"公理是上帝的宇宙设计的一部分"，被统治阶级和试图用"上帝"操纵人民的人利用。

不过，一般认为，公理是公认的真理，要说它有什么根据，那就是它和人类无数次的实践经验相一致。像欧几里得几何的第一公理："两点间可以做一条直线。"人们认为它符合我们的实践经验，直观可靠，不证自明。欧几里得几何就是建立在这样几条公理基础之上的一个严密体系。不过，人们在这个严密体系中发现了一个小漏洞：欧几里得的平行公理。这条公理是这样的：

"若一直线与两直线相交，且若同侧所交两内角之和小于两直角，则两直线无限延长后，必相交于该侧的一点。"

仔细一想，平行公理至少包含两处困难。一处是公理中所说的"无限延长"。想象一条直线延长到很远的地方并不困难，但这样一条直线会呈现出什么样的景象就难以想象了。另一处困难是它的结论："必相交于该侧的一点。"像双曲线和它的渐近线，虽然不断地接近，可是始终不相交。在没有限制条件的情况下，这个结论甚至不能说是正确的。所以，虽然没有人怀疑平行公理的正确性，但是，它缺乏其他公理所具有的那种无可争辩的说服力。甚至欧几里得本人也不喜欢它，他在证明完了不需要用平行公理的所有定理以后才使用这条公理。由于它包含着这么多的困难，有人甚至主张把它从欧几里得的公理系统中剔除出去。

既然"真理"存在缺陷，又不能把它抹除，那么就会有人千方百计地想将它修补好。首先有人想到，平行公理是不是一条可以由其他公理推导出来的定理呢？如果真是这样，那就可以把这条公理删掉。许多数学家为此提出了各种各样的证明。但是，这些证明表面看起来构思巧妙，实际却经不起推敲。每个"证明"不是暗含地假设了一些不应该假设的东西，就是假设了一个同平行公理相类似的公理。这一次又一次的失败"证明"，使一批有真知灼见的数学家意识到：要用欧几里得的其他公理来证明平行公理是徒劳的。

既然此路不通，有人就开始考虑：能不能用一条直观上更容易接受的公理来代替这条恼人的平行公理呢？结果同样令人失望。提出来替代的各种公理并不比平行公理更好些。

2000 多年来，为了证明欧几里得平行公理是一条定理，或者寻求一条更容易接受的公理来代替平行公理，不知耗费了多少有才华的数学家的精力。从事这项工作的人是这样众多，而结果是这样使人失望，以致有人把平行公理问题看作"几何原理的家丑"。

但是，科学上任何一项重大成就都不是一蹴而就的。失败绝不等于徒劳。既然欧几里得几何离不开存在这么多困难的平行公理，人们就不能不对统治了2000多年的神圣不可侵犯的欧几里得几何产生疑问：它究竟是不是反映物质空间的唯一的几何真理？

如果怀疑成立，那么公理就不像康德所宣扬的那样是先于人的经验而存在的，它也不具有人们所想象的那种绝对性。如果欧几里得那种存在许多限制条件的平行公理可以存在，那么其他存在限制条件的平行公理也可以存在。

高斯意识到了这一点，但他太谨慎了。于是，罗巴切夫斯基成了第一个打破沉寂的人，他在一池平静无波的水上扔下了一颗石子，从此这池湖水再也不能平静了。

1826年，罗巴切夫斯基在喀山大学正式宣讲了他的《论几何的基础》，他要向世人证明：欧几里得平行公理是独立的，不可能由欧几里得的其他公理给予证明。因此，建立在别的公理选择基础上的其他的几何学在逻辑上是可能的。罗巴切夫斯基也创造了自己的平行公理：过直线AB外一点C，在平面上可以做不止一条直线和AB平行！

他把通过C点的所有直线分为两类：一类直线和直线AB相交，一类和AB不相交。m和n是属于不相交的那一类，它们构成上述两类直线间的边界，称为平行直线。如果C点到AB的距离等于d，它们的垂足为D，那么存在一个和d有关的角 $\pi(d)$——记号 $\pi(d)$ 是标准的，$\pi(d)$ 中的 π 和圆周率 π 无关——使得所有过C点的直线和CD所成的角小于 $\pi(d)$ 的将和AB相交，而其他过C点的直线和AB不相交。这些不和AB相交的直线都是欧几里得意义下的平行线。因此，在罗巴切夫斯基的几何里，过 C 点的 AB 的平行线不止一条，而有无穷多条。

同时，角 π(d) 随着 d 的增加而减小。当 d 趋于无穷大的时候，π(d) 趋于零；当 d 趋于零的时候，π(d) 趋于直角。如果 π(d) 等于直角，那就是欧几里得的平行公理。在不用平行公理的部分，罗巴切夫斯基几何和欧几里得几何是一样的；在应用平行公理的地方，这两种几何就不同了。比如，在罗巴切夫斯基几何里，三角形内角之和小于两直角，而且随着面积的增大而减小。当面积趋于零的时候，三角形内角之和趋于两直角。可见，在小范围的情况下，罗巴切夫斯基几何和欧几里得几何相当近似。

其实，欧几里得的平面和直线的概念是基于"地球是平的"——通过测地线得出的。可是，对航海来说，海洋并不是一个平面，而更接近于一个球面。所以，在这样的"平面"上，两条"直线"的交点有两个而不是一个。想象一下，地球上两条经线交于两极点。它的三角形内角之和大于两直角而不是等于两直角。可见，欧几里得空间并不是反映物质空间的必然的和唯一的形式。如果把实验扩大到星空世界，那里的光线并不是欧几里得几何意义下"笔直的"直线，空间也不是欧几里得几何的平直的空间。在这种情况下，欧几里得几何当然也不适用。

几何与其他理论都来源于实践，但是，理论一旦从实践抽象出来以后，按照自身的发展规律，就有可能走在实践的前面。欧几里得几何的问题在于，他受限于当时人们对地球的认识，没有构造一个人类真实生活的球面地球的几何，他的公理建立在地球是扁平的之上。

　　其实，在日常应用中，如测量距离等方面，罗巴切夫斯基几何和欧几里得几何的差异非常之小，它们本身都是合理的，都符合人类的经验认知。但是，罗巴切夫斯基的贡献在于：他推翻了"真理"不可被否定的认知，真理或公理并不是一成不变的，它应该随着人们的认知不断向前推进和更新。这是他用自己的科学声誉完成的冒险，他做到了2000多年来鲜有人敢于尝试的事。正是在这种精神的鼓励下，黎曼发展出了黎曼几何，爱因斯坦向"两个事件可以在同一时间发生在不同地点"这个公理发起了挑战，并导致了狭义相对论的发现。

　　正因为如此，我们将罗巴切夫斯基称为"几何学中的哥白尼"，并没有夸大其词。其实，回顾罗巴切夫斯基的一生，几何只是他广阔革新领域中的一部分，他的很多思想都领先于时代，所以称他是"广阔思想领域里的哥白尼"亦是公正的。

8

阿贝尔
Niels Henrik Abel

我已经完成了一座纪念碑，它比青铜更耐久，比
国王们建造的金字塔更高大，不断侵蚀的阵雨和
不受管束的北风都不能把它损毁，岁月无尽的延
绵和年代的飞逝也不能使它倾颓。我不会全部死
亡，我更崇高的那部分将逃脱死神之手，活在后
代的赞美声中。

——贺拉斯

$$ax^5 + bx^4 + cx^3 + dx^2 + ex + f = 0$$

19 世纪，有一群出色的数学天才之星即将大放异彩，开创数学史上最伟大的世纪。在这一群光彩夺目的天才新星中，尼尔斯·亨里克·阿贝尔是其中最明亮的那颗。法国数学家埃尔米特在谈到阿贝尔时说："他给数学家们留下的东西，足够他们忙活 500 年了。"

他的话应验了。今天，在挪威奥斯陆的皇家公园里，矗立着一座大无畏青年的雕像，他脚下踩着两个怪物，分别代表五次方程和椭圆函数。这个青年正是阿贝尔。然而，这个年轻人一生饱受贫困和劳累的折磨，从小体弱多病，结核分枝杆菌早早地吞噬了他年仅 26 岁的生命。

以死亡为代价的觉醒

在挪威奥斯陆的远郊有一个小村庄，名叫芬岛。1802 年 8 月 5 日，村庄的牧师正在迎接他的第二个儿子尼尔斯·亨里克·阿贝尔的出生。在尼尔斯父亲的家族中，好几位祖先都是杰出的神职人员，他们都受过良好的教育。尼尔斯的母亲安妮·玛丽·西蒙森长得极为美貌，阿贝尔从她那里继承了漂亮的容貌。继尼尔斯之后，他的父母又生育了5个孩子，家里一共有7个孩子、2个大人。作为一名没有生财之道的乡村牧师，想要养活一大家人可并不容易。

与此同时，挪威作为丹麦的附庸国，跟随丹麦一起向瑞典发动了战争。不幸的是，瑞典背后依靠的是海上霸主英国。丹麦战败了，于1814年将挪威割让给了英国。战争过后的挪威本就满目疮痍，再加上战争之后爆发的饥荒，使得这片土地极其贫瘠。在这种背景下，阿贝尔家更是穷得要命，时常要饿肚子。然而，一家人并没有丧失希望，这要归功于阿贝尔的母亲。在外人看来，母亲安妮喜欢享受，甚至有些疯癫，这与她的乡村牧师妻子的身份不大相称。不过，安妮不在乎这些看法，她不愿在无休止的辛苦劳累中度过一生，她期望能在艰苦的生活中得到更多宝贵的东西，所以尽管每天吃不饱肚子，她也会尽量让孩子们过得开心。这一点深深影响着孩子们，尤其是她的二儿子尼尔斯。

在阿贝尔家里，时常能看到这样一种动人的景象：尼尔斯坐在火炉边，沉迷在数学世界里，其他人就围在房间里聊天嬉笑。尼尔斯有一种才能，可以一边进行数学研究，一边同弟弟妹妹们开开玩笑，而这种一心二用从来不会分散他对数学的注意力。

阿贝尔数学才能的觉醒过程说起来有些残酷。当初牛顿是在学校里跟同学打架，被同学狠狠踢了一脚后，才转变为一个品学兼优的好学生的。阿贝尔则是被一个同学的不幸死亡唤醒的。

19 世纪初期的教育盛行对学生进行手段狠辣的体罚，只要有一丁点过失都要被教师用鞭子狠狠抽打。有一次，班上有个学生因为小小的错误，被喜欢专横制裁的教师鞭打致死。这件事引起了当地人民的愤慨，即便是对赞成严厉教育的地方教育委员会来说，也的确做过了头。于是，这名教师被开除了，教育委员会又聘请了一位数学家来当老师，这就是伯恩特·米夏埃尔·霍尔姆伯。虽然霍尔姆伯在数学上不是特别有才气，但他发现并培养了阿贝尔，并与之建立了深厚的感情。在年轻的阿贝尔因病离世后，他为昔日的学生编辑了第一版著作集。

霍尔姆伯出现在芬岛时，阿贝尔大约 15 岁。在此之前，除了表现出一些幽默感，阿贝尔没有显示出其他明显的才能。霍尔姆伯亲切、开明，不喜欢体罚那套教育。阿贝尔在他的谆谆教诲下，忽然有所觉醒，开始清楚地知道自己是怎样的一个人。16 岁开始，阿贝尔在霍尔姆伯的指导下阅读牛顿、欧拉、拉格朗日、高斯等人的伟大著作，并能迅速透彻领悟其中的内容。霍尔姆伯和阿贝尔的友谊也与日俱增，虽然霍尔姆伯本人在数学上的创造力有限，但他懂得鉴赏数学杰作，发现数学人才。阿贝尔很快就被数学深沉的魅力吸引住。许多年后，有人问阿贝尔是怎样迅速地进入第一流数学家的行列时，阿贝尔回答："直接学习大师们的经典著作，而不是学习经他们的学生简化过的内容。"

数学发展到今天，我们知道，前辈数学家们曾经证明过的很多东西，其实都不是十分完善的，特别是欧拉的无穷级数和拉格朗日的分析学，这些工作都需要无数后人倾尽心血去做更严密精细的研究分析，才能使这门学科日趋完善。阿贝尔在当时的境遇下，凭借自己敏锐的头脑，首先意识到前辈们的推理有缺陷，然后便决心将毕生精力投入弥补这些不足中去，使这些推理无懈可击。阿贝尔的首次尝试是证明一般二项式定理，虽然这只是他理清无穷级数理论和实施这个庞大计划中的一个小细节，但这的确是他初次涉足数学研究工作。

然而，噩耗很快传来了。1820 年，年仅 48 岁的父亲终于不堪生活的重负，早早去世了。阿贝尔刚满 18 岁，就要挑起照顾母亲和 6 个兄弟姐妹的担子。此时的阿贝尔温和而乐观，他觉得自己会成为某所大学里受人尊重的数学教授，同时可以给私人授课。这样一来，他所得的报酬就足够负担起全家人的生活。可是，他忽略了一个问题，喂养 7 张嘴并没有那么容易，他被生活的重担压得死死的，根本没有足够的自由去达成目标。不过，他毫不抱怨，继续利用每一点空闲时间进行数学研究，心甘情愿地担起这份突然而至的责任。

霍尔姆伯相信阿贝尔会成为一个空前伟大的数学家，于是竭尽所能地帮助他，为他寻求补助金，并慷慨地拿出自己一切能够拿出的钱财、粮食去帮助他。可是，整个挪威都在因贫穷而挨饿，几乎没有什么办法、什么人能够摆脱这种命运。在这样艰难穷困的年代里，阿贝尔通过不停地工作，以求能有更伟大的成果，却也为自己英年早逝埋下了种子。

第一次冒险

阿贝尔开始了在数学界的第一次冒险：尝试解决五次方程。人们根据前四次方程的解的一般表达式，发现了解这些方程的统一方法，于是便相信这种方法也能被应用到任意次的方程上。于是，代数学家们又奋斗了近 3 个世纪，想要做出一般五次方程 $ax^5+bx^4+cx^3+dx^2+ex+f=0$ 的一个类似的代数解。但是，他们都失败了。

起初，阿贝尔以为自己取得了成功，他欣喜若狂地将解答经过霍尔姆伯之手送到了当时丹麦最有学问的数学家手里。在看过这个才华横溢的年轻人的解答后，那位数学家没有正面回答阿贝尔的解答是否正确，只是要求他做出进一步的详细说明。这对阿贝尔来说是幸运的，在做出详细说明的过程中，阿贝尔发现了他推理中的缺陷，他给出的解答根本不是解开五次方程的钥匙。这次冒险失败对阿贝尔是个有益的打击，反而将他推上了正确的道路，令他比别人领先了许多，当时他只有 19 岁。

阿贝尔没有放弃对五次方程的追求。他检查了解决五次方程所应该遵循的道路，探索了前辈数学家们的努力，之后发现五次方程的问题在于两方面：一方面，当计算过于复杂，需要花费大量精力去做解，却没有被解出来时，人们通常认为这个方程没有解；另一方面，就算找到了某个方程的代数解，也不能由此推断一般五次方程都存在代数解。

于是，阿贝尔得出一个结论："不要去寻求一个不知道是否存在的关系，而必须先问一问这样的关系是不是可能的。"

在这样的思路指引下，阿贝尔找到了解决五次方程的明确途径：

1. 找出代数上可解的任意次数的一切方程；

2. 确定一个已给的方程在代数上是不是可解。

阿贝尔认为，以上这两个问题是相同的。虽然方程的代数解存在的充分必要条件要留待伽罗瓦来最终解决，但是阿贝尔迈出了意义重大的一步。他以无可比拟的天才解决了使数学家们头疼了几百年的大难题：一般高于四次的方程不可能有代数解。

为了这个证明，阿贝尔绞尽了脑汁。由于他不了解意大利数学家鲁菲尼的工作，阿贝尔的"不可能性"证明几乎是从头做起的。经过数不清的迂回反复，他做出了被后人称为阿贝尔定理的重要成果。鲁菲尼在 1799 年已经知道了这个结论，但是没有严格的证明。正是利用这个结论，阿贝尔做出了"不可能性"的严格证明，以光辉的"阿贝尔 – 鲁菲尼定理"为名载入史册。

远行前的重挫

1822 年 6 月，19 岁的阿贝尔完成了大学的所有功课。霍尔姆伯尽一切努力帮助阿贝尔摆脱贫困，他说服同事们慷慨解囊，出资帮助阿贝尔继续开展数学研究。在恩师兼好友的帮助下，阿贝尔的名气越来越大，斯堪的纳维亚半岛之内已经没有人是他的对手了。他想去法国，那里被称为"世界的数学皇后"，法国还孕育了拉格朗日、拉普拉斯和勒让德。虽然拉格朗日已经去世多年，拉普拉斯也因年迈不再进行数学工作，但是勒让德还健在，更有一颗璀璨的新星——柯西。不过他最想去的是德国，那里有高斯——世界公认的"数学王子"。

阿贝尔在数学界和天文学界的朋友们支持他的决定。大家联名写信说服大学去请求挪威政府出资，让阿贝尔去欧洲做一次数学巡讲。阿贝尔为了能引起欧洲数学大师们的重视，将他关于五次方程不可解的论文拿了出来，这篇论文光从题目上看就足以引起学术界的震撼了。他希望大学能够出版这篇论文，因为它能给挪威带来至高无上的荣誉。不幸的是，大学拒绝了这个要求，这篇论文太长了，他们的那点财政经费本就严重不足，不可能有余钱负担印刷费用。

不过，大学还是把这件事上报给了政府。政府同意阿贝尔去法国和德国，但不能立即出发，而是给了他一笔奖学金，让他在大学里学习法语和德语。这让阿贝尔的欧洲之行延误了一年半。他利用这些时间钻研这两门语言，但他只有法语学得还不错，德语则很不成功。与此同时，他没有放弃数学研究。在这种境遇下，他继承了母亲身上的乐观精神，跟一个名叫克雷利·肯普的年轻姑娘订了婚。

但是，阿贝尔在离开挪威之前犯了一个错误。他自己出钱印刷了那篇五次方程不可解的论文。阿贝尔没有钱，他就想尽办法把那篇极长的论文压缩成极短的内容，里面的证明被删减得残缺不全，如果是数学才能稍微逊色点的人阅读，压根读不懂文章的意思。可如果是有才能的数学家，很容易就能顺着他保留的这些思路找到文章里的闪光点，从而发现阿贝尔是个举世之才。此外，挪威落后的印刷业将他的这篇论文印得很糟糕——拼写歪歪扭扭，墨迹十分浅淡。有什么办法呢？这就是阿贝尔最真实的生存状况。

阿贝尔天真地相信这篇论文将成为他通向欧洲大陆数学界的"科学护照"。他尤其希望高斯能看出这项工作的价值，这样他们的见面就不会只是流于形式。于是，在起航欧洲之前，阿贝尔将论文寄给了高斯。出乎意料的是，高斯在收到阿贝尔的论文后，连看都没看一眼，就将它扔进了垃圾桶里，并且厌恶地喊道："太可怕，又一个怪物！"

于是，阿贝尔决定不再去拜访高斯，甚至有些讨厌他，说高斯写的东西晦涩难懂，德国人把他捧得太高了。

其实，阿贝尔的厌恶可以理解，而高斯的做法亦是情有可原。许多人指责高斯在对待年轻人取得成就这件事上过于"傲慢、轻视"。可是仔细想想，如果今天有一个大名鼎鼎的数学家忽然收到陌生年轻人的来信，声称他已经解决了历史上著名的方圆问题，即用圆规和直尺做出了和圆面积相等的正方形，结果会怎么样呢？这位数学家可能会写一封回信，上面满是客套话，也可能不会写回信。但可以肯定的是，这位数学家根本不会看一眼寄来的论文。因为关于方圆问题的不可能性，早在 1882 年，德国数学家林德曼就通过证明 π 是超越数，说明了古希腊化圆为方是不可能成立的。

而在 1824 年，五次方程问题和化圆为方的问题差不多。高斯根本不相信一个年纪轻轻的人突然解开了这个世纪难题。最糟糕的是，他提供的还是不可解的证明。如果高斯能耐着性子看一看这篇论文，会怎么样呢？他一句话就会让阿贝尔成名，甚至还会延长阿贝尔短暂的生命。而他也会发现许多让自己感兴趣的东西，也许世界的数学进程就会被改变。

具有讽刺意味的是，高斯在青年时代曾经遭到过同样的冷遇。1796年4月，当高斯兴冲冲地带着他正多边形作图问题的证明去找他的大学老师凯斯特纳教授时，教授不相信他能证明这个2000多年前的难题，连花点时间去检查高斯的证明都不想做，只想从里面找出假定上的错误。这招不成功后，他就告诉高斯：这个作图法并不重要，因为谁都知道实际的作图是什么。当高斯向他说明自己曾经解出了一个17次代数方程时，凯斯特纳又不相信了。高斯进一步解释说，他把这个问题简化成解一个低次的方程，结果遭到了凯斯特纳的嘲笑。

遭受过冷遇的高斯，如今做了与当年令他厌恶的凯斯特纳同样的事，这回轮到阿贝尔来抱怨高斯了。

再遇"贵人"

1825年8月27日，在阿贝尔朋友们的坚持下，政府终于同意拨出足够阿贝尔在法国和德国旅行学习一年的费用，考虑到整个国家窘迫的财政状况，这的确称得上倾举国之力支持阿贝尔的数学事业了。

阿贝尔很感激，他花了约1个月的时间安顿好家人，然后就动身了。

阿贝尔离家后，首先访问了挪威和丹麦的著名数学家和天文学家，然后取消了原本去格丁根拜会高斯的计划，直奔柏林。在这里，阿贝尔遇到了继霍尔姆伯之后的人生第二个"贵人"——奥古斯特·利奥波德·克列尔。他帮助阿贝尔在科学界崭露头角、成名，堪称阿贝尔的另一个霍尔姆伯。更幸运的是，克列尔在数学界的影响也比霍尔姆伯大得多。如今，"克列尔"三个字已经成为数学界"伯乐"的代名词，他用自己的名字创办了一本杂志，并用该杂志的前三卷出版了阿贝尔的 22 篇论文，令阿贝尔在欧洲大陆名声大噪。如果说克列尔帮助阿贝尔成了名，那么阿贝尔也通过自己对数学的精心钻研令克列尔和他的杂志在数学界享有盛名。克列尔眼光独到，他懂得如何识别真正的数学家，也有足够的办事能力帮助他们在数学界站稳脚跟。

　　克列尔是一名建筑工程师，负责建造了德国第一条铁路，并因此挣得了一笔不菲的奖金，足够他按照自己的心意舒适生活。空闲时间，克列尔通过自学，爱上了数学。他不是一个有创造力的数学家，他也不想仅仅把数学当作一种爱好。1826 年，克列尔创办了《纯粹数学和应用数学杂志》，即后来的《克列尔杂志》。这本杂志是世界上第一份专门刊登数学研究成果的定期刊物，它不欢迎对过时著作的解释，除了克列尔自己的一些文章，其他任何人的文章只要内容是新的、正确的、足够重要的，就值得在这上面发表。从 1826 年至今，《克列尔杂志》每三个月出版一期，刊登最新的数学文章，从未间断。第一次世界大战后，全球经历了一个混乱的时期，《克列尔杂志》濒临倒闭，但是来自世界各地的订户将它支撑了起来，订阅者们不愿看到这样一座伟大的纪念碑就此湮灭。

1825 年，克列尔的杂志事业刚准备起步，阿贝尔的出现就促使他做出了重要决策。当时，克列尔在柏林职业学校担任主考人，他对这项工作既没有能力，也缺乏兴趣。关于这次历史性会见，克列尔是如此描述的："在一个晴朗的日子，一个有着年轻、聪明面孔的漂亮年轻人局促不安地走进了我的房间。我以为我又得和一个准备参加职业学校入学考试的人打交道，所以就向他解释，需要分别进行几门不同课程的考试。最后这个年轻人开口了，用很蹩脚的德语解释说：'不是考试，是数学。'"

克列尔看出阿贝尔是个外国人，就试着用法语和他交谈。阿贝尔法语讲得也一般，但可以让对方明白他的意思。克列尔接着问他在数学上做过哪些工作。阿贝尔的回答显得很有外交手腕，他告诉克列尔自己读过一些文章，其中就有刚发表不久的、克列尔本人在 1823 年写的《解析技能》。阿贝尔觉得那篇文章非常有意思，接下来他就抛弃了那些外交辞令，直言不讳地告诉克列尔，文章中有些部分完全错了。克列尔没有因为这个年轻人在自己面前大胆无礼而大发雷霆，而是认真地竖起耳朵，询问细节，了解了阿贝尔的解说。他们谈了很长时间的数学，克列尔对数学的了解不及阿贝尔的十分之一，但是对数学天才的可靠的直觉告诉克列尔，阿贝尔是一个第一流的数学家。于是，克列尔竭尽所能地争取这个年轻人的认可，并决定让阿贝尔成为正在筹办中的杂志的第一位撰稿人。

其实，刚开始交谈的时候，阿贝尔有所保留，他担心会在克列尔这里碰壁。克列尔也并不清楚阿贝尔的来意，他并不关心自己的文章哪里有错、该怎么修改。所以，当阿贝尔告诉他自己读过牛顿、欧拉、拉格朗日、高斯这些数学大师的著作时，两个人的话匣子才彻底打开，热烈讨论了几个重要的却没有解答的问题。这时，阿贝尔抓住时机，向克列尔提出了他的五次方程不可解的证明。克列尔并不想认真听下去，他跟高斯一样，认为这种证明一定有问题，但他愿意阅读这篇论文。在草草地翻阅一遍后，克列尔承认阿贝尔的水平在他之上，他并不能完全理解文章的内容。不过，这并不妨碍他在《克列尔杂志》上发表阿贝尔的详尽证明。也许，克列尔只是一个水平不高的数学家，称不上科学上的伟人，但他所表现出的气量，足以证明他就是个伟大的人。

克列尔决定充当阿贝尔的保护人，走到哪儿都带着他，希望德国数学界能够尽快接受阿贝尔，同时把他当作自己最伟大的"数学发现"。有时候，被人称为"阿波罗尼奥斯以来最伟大的几何学家"、自学成才的瑞士人施泰纳，也会陪着克列尔和阿贝尔到处走走。克列尔的朋友们看到他身后跟着两个数学天才，总会情不自禁地喊道："亚当老爹又带着他的两个儿子该隐和亚伯一起来了。"

阿贝尔很感激克列尔的付出，但是柏林丰富的社交活动使他不能专心工作。于是，他悄悄溜到德法边界的弗赖堡去了，在那里，他将自己最伟大的工作锻造成型，创造出了现在为人所称道的阿贝尔定理。但是，他现在还得赶赴巴黎，去会见当时第一流的法国数学家——勒让德、柯西和其他同行。

嘈杂的"沙漠"

阿贝尔满怀希望来到法国，期望他能够拥有像在德国那样的好运气。但是，繁华如巴黎，对待他这样一个来自贫穷地方的年轻人，显得礼貌又冷淡。1826年7月下旬，阿贝尔在巴黎找到了一个可以寄宿的家庭。他们只肯给阿贝尔提供每天两顿的差劲的伙食和一个很糟糕的房间，却向他索要了天价房租。当阿贝尔去拜访勒让德时，正赶上勒让德要出门，对方只是很有礼貌地向他说了句"日安"，就匆匆离开了。勒让德如果不那么冷淡，多跟阿贝尔交谈几句，就会知道自己终生热爱的椭圆积分即将在这个年轻人手里大放光彩。

在巴黎住了4个月后，阿贝尔写信给霍尔姆伯，谈了他的感想：

> 巴黎，1826年10月24日。
>
> 说实话，巴黎是欧洲大陆上最嘈杂的首都，对我来说就像沙漠，我实际上在这里谁也不认识。这是一个可爱的季节，人人都去了乡间。……到现在为止，我结识了勒让德先生、柯西先生和阿歇特先生，以及一些名气稍小一点但很能干的数学家：《科学学报》的编辑赛热先生；还有狄利克雷先生，他是一个普鲁士人，有一天他来看我，认为我是他的同胞。他是一个极有洞察力的数学家。他和勒让德先生一起证明 $x^5+y^5=z^5$ 不可能有整数解，还得出了其他一些很不错的结论。勒让德极

有礼貌，但是不幸，他很老了。柯西是疯了……他做的工作极好，但是很混乱……他是唯一从事纯数学研究的人。泊松、傅立叶、安培等人埋头于电磁学和其他物理学科。拉普拉斯先生现在什么都不写了，他最后的著作是对他的概率论的增补。我常常在学院看见他，他是一个非常有趣的小矮人。泊松也是一个小矮子，但他知道怎样做到举止非常高贵；傅立叶先生也一样。拉克鲁瓦相当老了。阿歇特先生要把我引荐给这些人中的几位。

与德国人相比，法国人对待陌生人冷淡得多，跟他们亲近极其困难……我刚刚完成一篇关于某一类超越函数的详尽的论文，准备呈交科学院，下星期一我就交上去。我把它拿给柯西先生看，但是他只屈尊看了一眼。我敢说，它一定是一篇很好的作品，我急于听到学院对它的评价……

然而，阿贝尔似乎预测到了这篇著作不太好的命运，因为他接着在信里写道：

我不该预定旅行两年，一年半就足够了。有这样多的事情等着我去做，但是只要我在国外，我的工作进行得就很慢。如果我能像基尔豪先生那样有个教授职位就好了！我的位置还没有确定，但是我并不为此担心，如果命运在某一方面为我关上了一扇门，她就会在另一个方面为我打开一扇窗。

接着阿贝尔向霍尔姆伯介绍了他的佳作《关于很广一类超越函数的一个一般性质》，这是他一生中最伟大的作品。他在文章开头引言部分如此写道：

> 到目前为止，数学家们所考虑的超越函数的数目是很少的。特别是超越函数的全部理论被压缩为对数函数、圆函数和指数函数，实际上，这些函数只构成单一的类型。直到最近，才开始考虑一些其他的函数。其中椭圆超越函数占据首要的地位。椭圆函数的某些显著的和优美的性质是勒让德先生发掘的。在有幸呈交科学院的本文中，作者考虑了很广一类超越函数，也就是说，这些函数的导数可以由代数方程来表示，方程的系数是单变量的有理函数；作者同时证明了这些函数有类似对数函数和椭圆函数的性质。

其实，阿贝尔这段话有些过于抬举勒让德了，他并没有讨论过椭圆函数。这种说法只是出于对勒让德的尊敬，因为勒让德长期研究的是椭圆积分，而不是椭圆函数。椭圆函数和椭圆积分的不同就像马和马所拉的车的不同。俗话说"把车放在拉它的马的前面"，或者说本末倒置，正好可被用来形容勒让德的工作。阿贝尔把它们颠倒过来，引进了椭圆积分的反函数——椭圆函数，正好抓住了探索椭圆积分问题的关键。"把考虑问题的顺序颠倒过来"，这看起来十分简单，却是数学和科学发现的强有力的方法之一。

阿贝尔始终是乐观的，即便在法国遭到冷遇，他也很感激极少数对他感兴趣的人，并想着怎么才能回报这份欣赏。与此同时，克列尔正在动用他的全部人脉，将阿贝尔推荐到柏林大学去任教。由于这个原因，克列尔没能陪同阿贝尔一起去法国，这让习惯了有克列尔陪同的阿贝尔感到多少有些孤独。所以，他希望能跟几个在路途上结识的数学家一起去维也纳。在阿贝尔看来，他一生只会做这一次旅行了，所以他想去南方看看。

于是，阿贝尔将他关于椭圆函数的杰作留给了法兰西科学院，而审核论文的正是 74 岁的勒让德和 39 岁的柯西。勒让德的锐气已经所剩无几，他大概没看懂阿贝尔的论文，竟然在 1829 年 4 月 8 日写给雅可比的信中抱怨："我们发觉这篇论文很难辨认，它是用淡得几乎是白色的墨水写的，字写得很糟，我们两人认为应该要求作者送一个写得整齐易读的版本来。"

这是什么借口啊！

而柯西忙着研究自己的东西，把论文带回家后，竟然不知道放在什么地方，彻底把它给忘了。后来，由于某种奇迹，这篇论文在阿贝尔死后又失而复得。比阿贝尔小两岁的雅可比，曾与回到挪威后的阿贝尔通过信，知道了那篇论文。他不辞辛苦，跑到巴黎，花了九牛二虎之力从柯西那堆积如山的旧书稿中找到了阿贝尔的论文。在读过这篇著作后，雅可比心中充满震惊，他写信给勒让德："阿贝尔先生的这个发现多么伟大啊！……有谁见过同样的东西吗？这也许是我们这个世纪最伟大的发现，两年前就交给你们科学院了，可你的同事们怎么会没有注意到它呢？"这一质问传到了挪威，挪威驻巴黎的领事就此提出了外交抗议。法国方面也致歉了，但是他们又是怎么反省的呢？为了补偿阿贝尔，法兰西科学院让他和雅可比一起获得了1830年的数学大奖，然而那时阿贝尔已经去世了。

而那篇被柯西翻译出来的论文，直到11年后才被发表在《法兰西科学院著名科学家论文集》第7卷中。更令人心寒的是，由于编辑的疏忽，在清样校阅之前，这篇论文的原稿竟不翼而飞。

迟到的荣誉

在巴黎期间，阿贝尔经常身体不适，他以为只是频繁感冒造成的咳嗽。在看过几位医生后，他被告知患了肺结核，这在当时是绝症。阿贝尔不肯相信，他还那么年轻，他的生活刚刚开始，无论在热情的德国还是冷淡的法国，他都看到了许许多多的机会。

于是，他擦掉了靴子上沾染的巴黎泥土，又回到柏林做短期访问。这时候，他已经变得非常穷困了，浑身上下只剩下了7元钱。他写了一封急信，从霍尔姆伯那里借来了一笔钱。不要认为阿贝尔是一个长期依靠借钱度日，又不会还钱的人。他始终相信，回国后就能在大学里担任数学教授，并且能找到私人授课的工作，这些工作都会让他有不菲的收入。不仅他是这么认为的，那些借钱给他的朋友也对他抱有极大的希望。1827年3月到5

月，霍尔姆伯给阿贝尔寄来了 60 元，支撑他生活和从事研究工作。等所有的钱都花光后，阿贝尔不得不回国，重返奥斯陆时，他已经身无分文。

阿贝尔认为自己的才能已经在欧洲大陆得到了承认，那么大学一定会很快给他安排工作。这个职位很快就到来了，但是阿贝尔没有得到它。因为学校领导层秉承这样一种教育学理论：教授对于他所教的东西，知道得越少，教得越好。基于这种奇怪的理论，他们认为霍尔姆伯是比阿贝尔更好的教师，哪怕阿贝尔已经证明了自己的教书能力。霍尔姆伯自然是极力推荐阿贝尔来担任这个职务，但是学校领导层威胁他，如果他不接受，就去找一个外国人来担任。没办法，霍尔姆伯只好同意，这样至少他还能有薪水接济阿贝尔。

不过，情况还是在渐渐往好的方向发展了。大学将阿贝尔垫付的那部分旅费补上了，霍尔姆伯也把学生送到他这里来教导，阿贝尔就得到了一部分私教费用；大学里的天文学教授有事不能继续授课了，就雇用阿贝尔接替他的位置，虽然薪水比正式教授的要低，但聊胜于无。另外，当地一对有钱的夫妇对阿贝尔十分有好感，把他当作亲生儿子那样对待，让阿贝尔的境遇多少有些好转。即便这样，阿贝尔也无法摆脱继续养活全家人的命运，这副重担一直压在他的身上，最终还是把他弄得一无所有，而阿贝尔直到生命终结时也没有过一句怨言。

1829 年 1 月中旬，阿贝尔已经出现了咯血的症状，剧烈的咳嗽折磨得他筋疲力尽，他努力尝试工作，却控制不住虚弱的身体。脆弱的身体连带着意志逐渐变得消沉，尽管他心中仍有许多宏伟的计划尚未完成，尽管他在昏迷中挣扎着喊道："我要为我的生命奋斗！"但他看起来"像一只看着太阳的病鹰"。阿贝尔知道自己的生命即将走到尽头。

阿贝尔生命最后的时光，是在弗罗兰的一个英国人家里度过的，他的未婚妻克雷利·肯普是这家的女管家。现在，阿贝尔唯一不放心的就是未婚妻的未来。他给朋友基尔豪写信，希望能够将克雷利托付给好友。他在信中说："她并不美丽。她有红色的头发和雀斑，但她是一个出色的女子。"虽然克雷利和基尔豪从未见过面，但他们仍在阿贝尔的提议下结婚了，算是达成了阿贝尔最后的心愿。而克雷利坚持不要别人帮忙，亲自照顾阿贝尔，这是他们能够独享的最后时刻了。

1829 年 4 月 6 日凌晨，阿贝尔去世了，他的生命只有 26 年 8 个月。

阿贝尔死后两天，远在德国的克列尔来信了，他的谈判终于成功，阿贝尔将被任命为柏林大学的数学教授。这份荣誉对阿贝尔来说来得太迟了，不过有总比没有好。

9

雅可比
Carl Gustav Jacob Jacobi

现代分析代替计算思想是日益显著的倾向，然而计
算仍在一些数学分支中保持着它的地位。

——P. G. 勒热纳·狄利克雷

雅可比这个名字经常在科学中出现，如雅可比定理、雅可比矩阵、雅可比行列式……数学中许多公式、函数恒等式、方程、积分、曲线、矩阵、根式以及数学符号的名称都被冠以雅可比的名字。然而，在 19 世纪 40 年代，有一个声名狼藉的雅可比，他是流行骗术电镀法的创始人。这位 M.H. 雅可比在当时的名气远远盖过了默默无闻的 C.G.J. 雅可比。所以，在这位数学家雅可比生前，人们总是把他误认为是骗子雅可比的兄弟。为此，C. G. J. 雅可比不得不辩解："我是我自己的兄弟。"如今，骗子雅可比早就被人遗忘，数学家雅可比却成了不朽的代名词。

勤奋自学的青年

1804 年 12 月 10 日，卡尔·古斯塔夫·雅各布·雅可比出生在德意志普鲁士的波茨坦，他的父亲是一名富有的银行家，他是家里的第二个儿子。雅可比的父母一共生育了 3 个男孩和 1

个女孩。卡尔的第一位老师是他的一个舅舅，他负责教授了古典文学和数学，为 12 岁的卡尔进入波茨坦中学做准备。

在中学时，雅可比就显示出"多才多艺的头脑"。1821 年 4 月到 1825 年 5 月，雅可比考入了柏林大学，开始了大学生涯。他跟高斯一样，在前两年的学习中，对哲学、语言学和数学都有着同等的热爱。雅可比在语言上表现出的天赋，成功引起了语言学研究班教授 P.A. 伯克的注意，并受到教授的称赞。伯克教授是一位很有名望的古典文学学者，他出色地翻译了古希腊抒情诗人品达的著作。不过，雅可比似乎并不想全身心投入古典文学，此时他被数学和哲学同时吸引着，如果不是数学对他更有吸引力，他同样能在哲学上做出一番伟大的成就。

雅可比的老师海因里希·鲍尔看出他很有数学天赋，便试图好好培养他。但是雅可比反对靠死记硬背和遵守规则条例这些僵化的方式学习数学，于是在跟海因里希经过长时间的争论与磨合后，这位老师同意让雅可比自学数学。

雅可比在数学方面的发展，出乎意料地跟阿贝尔有相同的轨迹，所以我们在此先将两人的经历做一些对比。与阿贝尔一样，雅可比也学习了欧拉、拉格朗日、高斯等人的著作，代数、分析、数论就是通过阅读大师们的作品自学的。这段自学经历，让他认为大学数学讲座太简单，而且索然无味；同时，为雅可比的第一项杰出工作——椭圆函数——指出了明确的方向，因为他的纯粹运算能力可以与大师欧拉相匹敌，甚至称得上欧拉最好的继承人。虽然阿贝尔也有不俗的公式掌握能力，但是他的天才跟雅可比相比，哲学的成分多一些，形式的成分少了一些。阿贝尔更像高斯，追求尽善尽美的严格性；雅可比并不缺乏严格性，并且更具有形式主义的灵感美。

阿贝尔比雅可比大两岁。雅可比不知道阿贝尔在 1820 年就解决了五次方程问题，他在 1820 年也试图解开五次方程问题。雅可比的计划是将五次方程简化为 $x^5-10q^2x=p$，并且指出这个方程的解可以由某个十次方程的解推导出来。虽然这个尝试失败了，但是雅可比从中学到了许多代数知识，这是他的数学教育中相当重要的一步。与阿贝尔不同的是，雅可比并没有想到五次方程是不能用代数方法解出来的。这也许就是阿贝尔和雅可比之间的差别。

雅可比客观且宽容，他的心性里存不下一丝一毫的猜疑或嫉妒。在评价与他齐名的阿贝尔的一篇杰作时，他给予了极高的赞美："它高于我的赞扬，就像它高于我自己的工作。"

当雅可比正在努力使自己成为数学家的时候，阿贝尔已经走在椭圆函数这项工作的征途上，尽管很艰辛，但他的确迈出了第一步。1823 年 8 月 4 日，阿贝尔写信给霍尔姆伯，介绍他正在研究的椭圆函数问题："这项工作涉及椭圆超越函数的反函数，我发现了一些连我自己都不敢确定的东西，便请求德根尽快把它从头到尾浏览一遍，但是他找不出错误的地方，也不知道该如何去找。天知道我怎样才能让自己解脱。"

巧合的是，雅可比最后下决心要全力从事数学研究的时候，正是阿贝尔因困于椭圆函数的时候，两者之间有种冥冥注定的联系。两个 20 来岁的数学天才，年龄上两年的差距抵得上普通人20 年的差距。更值得玩味的是，两人并不知道他们有一个隐形的竞争者。

接下来，让我们回到雅可比的生活轨迹上来。在他决定全身心投入数学研究时，他给舅舅勒曼写了封信，讲述他估计要承担的工作量："如果要深入洞察由欧拉、拉格朗日和拉普拉斯他们创建的如大山般的数学的本质，而不仅仅是浮于表面，那就需要付出最惊人的力量和最艰苦的思考。要制服这个庞然大物而不让它撞毁自己的意志，就必须时刻保持极度紧张的工作状态。那样的话，既不能充分休息，每时每刻也得不到安宁。你要一直想着它、思考它，直到站在整座数学山峰的顶端，俯瞰全局。只有当你理解了它真正的精神内核，才有可能正确而平静地补充完这座巨峰中的全部细节。"

抱着这种刻苦工作的坚定决心，雅可比成了数学史上出了名的拼命的工作者之一。当他的朋友写信跟他抱怨科学研究工作既艰苦又可能损害健康时，雅可比留下了那句经典名言："当然是这样！有时候过度的工作确实危及我的健康，但那又怎么样呢？卷心菜没有神经，没有焦虑，可它从那完美的健康中得到了什么呢？"

1825 年 8 月，雅可比获得了哲学博士学位。他在论文中阐述了代数中等课程中的一个细节问题，在运用公式方面别出心裁，却没有展示出明显的独创性。不过，雅可比在通过博士学位考试的同时，完成了教师职业训练。所以，他在取得学位后，便在柏林大学讲授关于三维空间曲线和曲面的解析理解课程。

这时，雅可比展现出天生的教师天赋，可以说他开创了一种全新的数学教学模式。在他之前，数学教育都是让学生们掌握所有前辈数学家做过、研究过的问题，然后才试着让学生独立工作。这种方式培养出来的数学人才，很少有能独立进行研究的。雅可比则善于将自己的观点贯穿在数学之中，启发学生进行独立思考，然后训练学生根据自己思考的结果进行研究工作。和以前拖拉的治学方式相比，雅可比的方法更加吸引学生。为了鼓励那些有天赋却缺乏自信的，又质疑这种教学方式的学生，雅可比做了个形象生动的比喻："要是你的父亲坚持要先认识世界上所有的姑娘，然后再跟一个姑娘结婚，那他就永远不会结婚，你现在也就不会在这里了。"

雅可比优秀杰出的教师才能，使他在获得柏林大学讲师职位仅仅半年后，又于 1826 年获得哥尼斯堡大学讲师的职位。1827 年，雅可比从陀螺的旋转问题入手，开始对椭圆函数进行研究，并在《天文报告》上发表了论文《关于椭圆函数变换理论的某些结果》，赢得了高斯的称赞。考虑到高斯之前对待阿贝尔的态度，以及他沉默谨慎、不敢过度表扬青年数学家的行为，德国教育部立即把高斯对雅可比的赞赏当作头等大事，23 岁的雅可比顺利晋升为副教授。这自然引来了那些比他年纪大的同行的不满。然而，1829 年，雅可比发表了他的第一篇杰作《椭圆函数理论的新基础》，那些针对他的不满立即烟消云散。

纵览雅可比的一生，除了他有意无意地被卷入政治旋涡，以及因为过度工作引发身体不适而需要休假，他将全部的时间和精力都投入教书和数学研究工作中去了。而他也成了数学史上极为勤奋的学者之一，与欧拉一样，是一位多产的数学家。

失败的政治冒险

1832 年，雅可比的父亲去世了。雅可比靠着父亲留下来的财产，继续过着宽裕的生活，不必为了生计而工作。然而，好光景持续了不到 8 年。由于他并不精通银行业务，父亲的银行破产了。36 岁的雅可比顷刻之间一无所有，而且他必须供养自己的母亲，因为母亲的家里也破产了。

失去财产对雅可比继续研究数学没有任何影响，仿佛他生来就没有拥有过那些财富一样。他绝口不提他的不幸遭遇，像往常一样继续勤勉地工作。可是，他不知道的是，高斯一直关注着他的情况。这不单纯是出于科学上的兴趣，还因为高斯发现雅可比的研究内容与自己年轻时没有发表过的很多研究近乎一致。高斯期待雅可比能够在这些问题上做出突破。

1839 年 9 月，雅可比结束了他在马里安的温泉度假，在返回哥尼斯堡途中曾拜访过高斯。不过，那次访问的过程没有被记载和保存下来，谁也不知道两个数学巨匠谈论了什么。有一点可以肯定，会面结束后，高斯很担心失去强大的经济保障会对雅可比的数学研究产生灾难性影响。这时，德国天文学家、数学家、天体测量奠基人之一的贝塞尔替雅可比做了担保，消除了高斯的担心。他说："幸运的是，这样一个天才是不会被摧毁的。我想他很快就会有金钱上的安全感。"

1842 年，雅可比和贝塞尔前往曼彻斯特，参加了英国协会的会议。在那里，德国的雅可比同爱尔兰的哈密顿会面了。然后，雅可比继续了哈密顿在动力学方面的工作。

1843 年，从英国回来后，雅可比由于过度工作，身体彻底累垮了。他不得不在职业生涯最辉煌的时候停下来。19 世纪 40 年代，德意志的科学发展主要依靠一些小邦国的君主和国王的资助，这样这些小邦国就能第一时间收获科学研究的应用成果，进而稳固自己的统治。资助雅可比的是普鲁士国王腓特烈二世，他很重视雅可比的研究给王国带来的荣誉。所以，当雅可比病倒后，腓特烈二世就催促他去气候温暖的意大利度假，并准许他在那里愿意休息多长时间就休息多长时间。

雅可比在罗马和那不勒斯跟博查特、狄利克雷一起度过了 5 个月，于 1844 年 6 月回到柏林。雅可比原本可以在柏林一直待到完全恢复健康，但是问题来了：雅可比作为一名科学院院士，可以讲授他选择的任何一门课程，但是他在大学里没有得到教授职位，这就意味着他没有薪水。幸运的是，国王为雅可比提供了丰厚的津贴，让他能继续开展数学研究。

然而，拿到慷慨馈赠的雅可比并没有再坚持进行数学研究。因为，他的医生给出了一个"劝告"：从事政治活动会对雅可比的神经系统有好处。这个"处方"简直愚蠢至极，完全是医生无法诊断雅可比到底得了何种疾病的托词。悲剧的是，雅可比听信了医生的劝告，按照"药方"开始介入政治。

1848 年，如火如荼的民主革命爆发了。这场席卷整个德意志邦国的资产阶级革命运动，要求推翻反动的封建内阁，成立全德国民议会，制定统一的宪法，以建立统一的君主立宪制国家。毫无政治斗争经验的雅可比听从了一个朋友的劝告，加入了一个温和自由派的俱乐部。他像一个天真无知又有着诱人的肥胖身材的传教士踏入了食人岛，立即就被那些油滑狡诈的政治家紧紧抓住。大家一致选举雅可比作为1848年5月大选的候选人。可怜的雅可比连议会内部的情况都不了解，那些熟知政治的俱乐部会员则完全不相信他是合适的候选人。因为雅可比是个领取国王津贴的人，他在享受王权的庇佑，所以他表面上可能是个自由派，实际上更可能是个两面讨好的人，是保皇党人的密探。为此，雅可比发表了一次动人的演讲，以驳斥那些针对自己的卑劣攻击。尽管他的演讲在逻辑上无懈可击，但是对一个讲求实际的政治家来说，逻辑没有用，反而让雅可比钻进了自己的逻辑陷阱里。雅可比没能当选，围绕他候选人资格的争吵也没能让他的神经系统得到良好的治疗。

更糟糕的事情发生了，雅可比在俱乐部的发言不仅没能说服要求革命的俱乐部会员，还让普鲁士国王对他产生了严重的不满，从而停止了津贴发放。雅可比失去了所有的经济来源，加上家里还有妻子和7个孩子需要养活，他顿时陷入了绝望的困境。这时，雅可比在戈塔的一位朋友收容了他的妻子和孩子，令他窘迫的状况得以缓解。雅可比则隐居在柏林一家低档旅店里，重拾数学研究工作。

1849年，雅可比在学术上的贡献，让他成为仅次于高斯的欧洲最伟大的数学家，他的名气足以让他在欧洲任何一所大学中得到待遇优厚的职位。于是，雅可比在威尼斯的朋友利特罗向维也纳大学举荐了雅可比。在了解了雅可比的困境后，维也纳大学开始想办法在学校里腾出一个职位，让他去任职。就在维也纳大学提出了慷慨的留任条件时，亚历山大·冯·洪堡说服了对雅可比心存不满的普鲁士国王，恢复了给他的津贴，德意志才能让雅可比继续留在柏林。当然，雅可比从此以后再也不会去从事政治工作了。

辉煌不朽

雅可比的第一项伟大工作是椭圆函数，但是椭圆函数到了今天已经演变为复变量函数中的一个细小分支，而单复变量函数理论本身正在逐渐退出不断发展变化的数学世界。可是由于椭圆函数的理论在下面几章中还要多次提到，在此我们对它做一下简单了解。

单复变量函数理论是 19 世纪数学的一个主要领域。高斯曾经指出，复数可以给每一个代数方程提供一个既是必要的又是充分的解，除此之外还可能有其他类型的数吗？如果有的话，这样的数是怎样产生的呢？

代数中将复数看作某些简单方程的优先解，如方程 $x^2+1=0$。另外，使用因式分解，可以将 x^2-y^2 分解成一次因式（x+y）（x-y），它们分解的结果就会是正数或者负数。而在面对同样的问题时，x^2+y^2 就会出现虚数，即 $x^2+y^2=$（x+y$\sqrt{-1}$）（x-y$\sqrt{-1}$）。那么，在将 $x^2+y^2+z^2$ 分解成两个一次因式时，只需要正数、负数和虚数就够了吗？或者为了解决这个问题，需要发明某种新的数吗？答案是后者。人们发现，为了得到新的数，普通代数规则中的一个重要规则会被瓦解，即数在做乘法时，次序不重要。也就是说，对于新的数，a×b 等于 b×a 不再成立。

在 19 世纪后半叶，人们证明了复数 x+iy（其中 x、y 是实数，i=$\sqrt{-1}$）是使普通代数成立的最一般的数。但是如果这个结果被应用于微积分学，有一大半的内容就会出现问题，特别是积分学提供了许多令人费解的不合规则的情况，只有当复变量函数被高斯和柯西采用了的时候，这些问题才得以消除。

在椭圆函数理论中，不可避免地要出现复数，高斯、阿贝尔和雅可比通过对这一理论的阐述，为发现和改进单复变量函数理论的一般定理提供了实验园地。比如皮卡尔关于本质奇点邻域内的例外值定理，就是首先用椭圆函数理论中产生出来的方法证明的。

高斯早在 27 年前就预见到了阿贝尔和雅可比的惊人工作。他说："阿贝尔走的路与我在 1798 年走过的路，是同一条道路。"阿贝尔在一些重要的细节上走在了雅可比前面，但是雅可比在完全不知道他有一个竞争者的情况下，做出了他的伟大开端。

从历史方面看，勒让德所起的作用有些悲剧性质。椭圆函数的历史很复杂，它起源于 18 世纪的椭圆积分。为了表达椭圆和双曲线的弧长，18 世纪的一流数学家们投入大量精力研究出了椭圆积分，对此做出贡献的数学家有约翰·伯努利、法尼亚诺、兰登、拉格朗日，最突出的贡献是欧拉的椭圆积分的加法定理和兰登变换。但是，总的来说，这些成就比较分散、零星。直到 18 世纪后半期和 19 世纪，勒让德对椭圆积分做出全面论述，椭圆函数论才给数学史家留下了深刻印象。他在椭圆积分——而不是椭圆函数——上拼命工作了 40 年，却没有注意到阿贝尔和雅可比两人几乎立刻就看到的东西，那就是只要把他的观点逆转过来，整个问题就变得无比简单了。

当勒让德明白了阿贝尔和雅可比所做的事情时，他非常清楚，阿贝尔和雅可比所使用的反演法，会使自己 40 年辛勤研究的杰作变得毫无价值，但他仍发自内心地鼓励了他们。有所不同的是，对于阿贝尔，勒让德的赞扬来得太晚了；对于雅可比，勒让德则给出了最高的评价和鼓舞。20 岁出头的雅可比和 70 多岁的老迈的勒让德，都极力用最衷心的赞扬和感激彼此表彰。

与阿贝尔共创椭圆函数理论，只是雅可比巨大工作量中的一小部分，但却是非常重要的一部分。接下来，我们再简单了解一下雅可比在其他方面取得的重大成就。

雅可比是把椭圆函数理论用于数论的第一人，它是一个奇妙而深奥的课题，复杂难懂的巧妙代数揭示了普通整数之间的美妙关系。雅可比用这种方法证明了费马的著名断言：每一个整数 1、2、3……都是 4 个整数的平方和（零也算作整数）。而且他可以通过自己的精彩分析，知道任何已知的整数能以多少种方式表示成这样的和。

雅可比在动力学方面同样做出了出色的成就。他深入研究了哈密顿典型方程，经过引入广义坐标变换后得到一阶偏微分方程，被称为哈密顿 – 雅可比微分方程。他还发展了这些方程的积分理论，并用这一理论解决了力学和天文学的一些问题。值得一提的是，在表述经典力学的各种理论中，唯有哈密顿 – 雅可比理论可用于量子力学。另外，雅可比还发现了雅可比运动方程。他在偏微分方程和分析力学方面的大部分工作，收在他的著作《动力学讲义》中。这些工作成为雅可比的成就中最光荣的一部分。

在代数方面，雅可比把行列式理论简化成了雅可比行列式，让每个想要学习中等代数课程的学生都能快速简单地上手。

对于牛顿、拉普拉斯、拉格朗日的引力理论，雅可比出色地研究了该理论中反复出现的函数，并把椭圆函数和阿贝尔函数应用到椭球间的引力上，从而对引力理论做出了重大的贡献。

雅可比曾跟朋友就无节制的工作和保证身体健康这样的话题进行过讨论，可他没有像朋友们预计的那样死于过度工作。雅可比得了天花，在当时，天花几乎无法治愈，只能依靠自身免疫力自愈。1851 年 2 月 18 日，47 岁的雅可比死于天花。

对于雅可比一生致力于纯数学研究，傅立叶曾经指责他和阿贝尔两人把太多时间浪费在椭圆函数上，而没能及时帮忙解决热传导的一些问题。雅可比是这样反驳的："傅立叶先生确实有过这样的看法，认为数学的主要目的是满足公众需要和解释自然现象。但是一个像他这样的哲学家应当知道，科学的唯一目的是使人类思想闪耀，在这个观点之下，数的问题与关于宇宙体系的问题具有同等价值。"

如果今天傅立叶能够重返人间，那么他就会发现自己发明的分析方法正是在纯数学理论中找到了它的重要意义。

10
哈密顿
William Rowan Hamilton

在数学上他是更伟大的，

超过了第谷·布拉赫或埃拉·佩特。

因为他能用几何尺度，

把啤酒瓶的尺寸量出。

——塞缪尔·勃特勒

威廉·罗恩·哈密顿堪称爱尔兰历史上最伟大的科学家。在这里强调他的国籍，是因为哈密顿曾公开宣称：希望能把超人的天才用来为祖国增光添彩。作为爱尔兰最伟大、最善于辞令的数学家，哈密顿年轻时的求学经历可以用"天才中的天才"来形容。仅在都柏林大学三一学院图书馆就留有 250 本笔记、大量学术通信和未发表的论文。哈密顿的研究涉及光学、力学和四元数等多个领域。他研究的光学是几何光学，具有数学性质，力学则是列出动力学方程及求解，因此哈密顿主要是数学家。哈密顿在数学上的成就，以微分方程和泛函分析两个领域最为突出，如哈密顿算符、哈密顿－雅可比方程等。同时，他发展了分析力学，创立了四元数。

独特的家庭教育

1805 年 8 月 3 日，哈密顿出生在爱尔兰的首都都柏林，在他之前有两个哥哥和一个姐姐，在他之后还有四个弟弟妹妹。

哈密顿的父亲是一个律师兼一流的商人，因此有着激情澎湃的雄辩口才。同时，他是个喜欢吃喝玩乐的人、一个狂热的宗教信徒。这些特质无论好坏，哈密顿全都继承了下来，成就了他无与伦比的语言天赋，以及婚姻，也导致了后半生的不幸。

哈密顿的母亲萨拉·赫顿出身于一个以智力卓越著称的家族，所以哈密顿在科学领域展露的非凡才华继承自母亲的家族。

家里孩子众多，加上父亲爱好享乐，家中不堪重负，而哈密顿在3岁时便显现出天才的迹象，父亲将他托付给叔父詹姆斯·哈密顿抚养。考虑到母亲在他12岁时去世，父亲两年后也离世，父母对他的影响微乎其微。早年的基础教育全部由叔叔帮忙完成。

詹姆斯叔叔居住在距离都柏林大约32公里的特里姆村，他是一名牧师，也是一名非常有造诣的语言学家，精通希腊语、拉丁语、希伯来语、梵语、闪族语、巴利语，许多外国方言他都能脱口而出。于是，詹姆斯叔叔把小威廉培养成了历史上令人震惊的"语言学怪物"之一。

关于哈密顿早期才能的传说，听起来也许有些匪夷所思，却是真实的。哈密顿在3岁时英语就已经读得很好，算术方面也有相当不错的进展；4岁时，他就成了一个不错的地理学者；5岁时，他能阅读和翻译拉丁语、希腊语和希伯来语，并喜欢朗诵德莱顿、柯林斯、弥尔顿和荷马的大量作品，其中荷马的作品是用希腊语朗诵的；8岁时，他又掌握了意大利语和法语。他还能用拉丁语即兴创作。当英语这门语言已经不足以表现他昂扬的情感时，他就用拉丁语的六韵步诗体，来表现他对爱尔兰美丽风光的由衷喜爱。

最令人不可思议的是，他在不到 10 岁时开始学习阿拉伯语和梵语，为他在东方语言方面的非凡的学术成就打下了坚实的基础。抚养一个天才固然让人喜悦，但詹姆斯叔叔也有自己的苦恼，他说："威廉对东方语言的渴求是没有止境的。在掌握了东方大部分语种后，他即将开始学习汉语，但是在都柏林根本弄不到书，我得花一大笔钱从伦敦给他买书。"

哈密顿长到 13 岁时，几乎每年都能掌握一种语言。14 岁那年，波斯大使访问都柏林，哈密顿用波斯语写了一篇辞藻华丽的欢迎词，献给这个极有权势的人。波斯大使读后极为惊讶，他没想到一个 14 岁的爱尔兰孩子能够用波斯语写出如此高难度的文章。不过，他对哈密顿的兴趣也就仅限于此，因为哈密顿随后想去拜访波斯大使，大使的秘书却推托说："很遗憾，大使头疼得厉害，不能接见你。"

除了拥有天才般的头脑、老成的谈吐，以及对大自然充满超越年龄的诗意热爱，哈密顿还热爱游泳，性情和蔼，没有一点书呆子的乏味，跟其他健康活泼的孩子没有什么区别。他的情感细腻而敏感，不能忍受加在动物身上或人身上的痛苦，更为难得的是，哈密顿喜爱并尊重动物，对它们平等相待。

唯独喜欢安静这点跟强健的爱尔兰少年不太相同。但是在后来的经历中，哈密顿表现出了爱尔兰人特有的火暴脾气。有人诬陷他为撒谎者，哈密顿毫不犹豫地向这个诽谤的人提出生死决斗。不过，这件事最后由他的助手摆平了，否则哈密顿或许会以大数学家决斗者的身份被载入史册。

哈密顿与数学的不解之缘，源自 12 岁时与一个美国男孩的比赛。那一年，美国计算神童科尔伯恩就读于伦敦的威斯敏斯特学校，他以擅长计算而闻名，据说他能在 20 秒内算出 4294967297 的两个素数因子。哈密顿被选出来与科尔伯恩一决高下，人们期望这个爱尔兰的天才能够窥破那个美国孩子的秘密，将他拉下神坛。

结果不言而喻，哈密顿输了。好胜心和对维护祖国尊严的傲气让小威廉觉得自己在语言学习上花费了太多时间，他决定以后要多腾出时间来学习数学。而他也和科尔伯恩成了至交好友，科尔伯恩甚至告诉他自己取胜的秘法，那就是练习和记忆。这个方法虽然不是学习数学的正确途径，却对哈密顿有很大的启发，此后他总喜欢在脑子里计算，并将这个习惯保持了一生，这令他的头脑始终保持灵敏的状态。17 岁那年，哈密顿在给表兄阿瑟的一封信中，还表达了对科尔伯恩的谢意。

如果说詹姆斯叔叔是启动威廉·哈密顿天才大脑的启蒙老师，那科尔伯恩就是威廉彻底投入数学海洋的助力者。从此，哈密顿在数学领域的成就一发不可收拾。

全能型学霸成就的巅峰

哈密顿在遇到科尔伯恩之前是如何学习数学的，鲜有人知。但是那时候他已经开始学习法国数学家克莱洛的《代数》一书了，并且拟了个题目——"代数纲要"来总结自己学习的心得。

1818 年，遇到美国计算神童科尔伯恩后，哈密顿对数学产生了浓厚的兴趣。1820 年，两人再相遇时，哈密顿已阅读了牛顿的《自然哲学的数学原理》。

1821 年，在学完了欧几里得几何后，詹姆斯叔叔送给他一本解析几何的书。据说哈密顿读数学如读小说，能够在脑海中同所读书籍的作者用同样的词汇对话。此时，他在数学方面优秀得令人发指，他善于深度抽象和烦琐计算，被誉为"分析钻头"。

与此同时，哈密顿对天文学还有强烈的爱好，常用自己的望远镜观测天体，并开始读拉普拉斯的著作《天体力学》。数学作为天文学、力学、光学等各个科学领域的基础学科，几乎主导了哈密顿的思维和思想方式。1822 年，他指出了《天体力学》中拉普拉斯试图证明力的平行四边形法则的一处失误。同年，他开始进行科学研究工作，对曲线和曲面的性质进行了一系列研究，并将其用于几何光学。

1823 年，哈密顿开始准备都柏林大学三一学院的入学考试。而在进入大学之前，他从未正式上过学，他所有关于古典文学、语言学、数学、天文学等方面的知识，都来自叔父的教导和自学。著名的三一学院入学考试并没能占据哈密顿全部的时间，他写信给他的表兄阿瑟说："在光学中，我做出了一项非常奇特的发现——至少我是那样认为的……"

这项奇特的发现指的就是"特征函数"。这个发现标志着哈密顿可以与历史上任何早熟的数学家相匹敌。1823 年 7 月 7 日，年轻的哈密顿在 100 名报考者中轻而易举地取得第一名，进入了三一学院。他很快在学院里声名鹊起，他在古典文学和数学方面的杰出才能早已在英格兰、苏格兰和爱尔兰的学术圈子激起了人们的好奇心。有人甚至宣称，第二个牛顿已经出现。

哈密顿在大学毕业时拿走了所有可以得到的奖励，并在古典文学和数学这两方面都获得了最高荣誉。但这些并不是他最重要的成就，哈密顿在大学时便已经完成了关于光线系统的第一部分的初稿。这篇论文具有划时代的意义，当哈密顿把论文提交给爱尔兰皇家科学院时，布林克利博士评论说："这个年轻人是他那一代的第一数学家。"

考虑到哈密顿是一个精力充沛、对很多领域都充满浓厚兴致的人，这里需要详尽介绍一下他最终是如何放弃文学、哲学，而彻底投身于数学研究的。

1823年，哈密顿经历了人生中第一次也是唯一一次最值得纪念的恋爱——他爱上了一位同学的姐姐卡塞琳·狄斯尼。这次恋爱让威廉深刻意识到自己在物质方面的"不配"，他只能不断给心爱的人写写诗，而卡塞琳最终拒绝了他的表白。两年后，哈密顿从他心上人的母亲那里得知，他心爱的人已嫁给他的情敌——一名比较平庸的军人。这件事对哈密顿的打击非常大，作为一个虔诚的宗教信徒，他甚至打算投水自尽，以自杀的方式了结失恋的痛苦。

幸好，他用另一首诗减轻了自己的悲痛，这对科学来说是一件幸事。

又过了两年，1827年9月，哈密顿去英国的湖区旅行时，认识了被称为湖畔派诗人的华兹华斯，两人从此结下了终身友谊。而华兹华斯也让哈密顿彻底放弃了在文学方面深造的念想，将他完全推入了数学的世界。

哈密顿在招待华兹华斯喝茶后，双方都拼命要把对方送回家，结果就是两人深刻地聊了一整晚。第二天哈密顿送给华兹华斯一首90行的生硬的诗，挚友在略加称赞之后，便直言不讳地告诉满怀希望、等待好评的哈密顿："写诗的工艺不应该是这样的。"

后来，哈密顿在敦辛克天文台当研究员时，华兹华斯回访了他。哈密顿的姐姐伊丽莎在被介绍给诗人时，不自觉地效仿了弟弟威廉的诗《观察欧蓍草》：

> 这就是华兹华斯！就是这个人！
> 我的想象孕育了，
> 那么忠实的一个清醒的梦，
> 一个消失了的形象！

姐姐信手拈来的仿写，让哈密顿终于意识到了：他的道路必须是科学的道路，而不是诗；他必须抛弃鱼与熊掌兼得的希望，痛苦地与诗歌诀别。华兹华斯的拜访让哈密顿清醒地正视了现实：他身上一丁点诗人的才气也没有。然而，哈密顿一生都在不停地写诗。

不过，正如他对挚友华兹华斯所言：他真正的诗是他的数学。

摆脱了对诗歌的执念，哈密顿在科学研究道路上变得更加清醒理智。此时，布林克利博士辞去了他的天文学教授职位，就任克洛因的主教。按照英国的惯例，学校立即为空出的教授席位登了广告，几位著名的天文学家，包括后来的英国皇家天文学家乔治·比德尔·艾里，都送来了他们的证书。

然而，极具戏剧性的是，三一学院理事会经过讨论后，放弃了所有的申请者，一致选举年仅22岁、刚刚毕业的学生哈密顿为教授，而哈密顿并没有申请该职位。这一切殊荣都源自他过早展露的才华和在大学时代取得的惊人成就。

哈密顿自14岁起就热爱天文学。童年时代，有一次他指着一片美丽景色中的敦辛克小丘上的天文台说，要是他能任意选择的话，那就是他最愿意住的地方。如今，他22岁，实现了儿时的抱负，成了一名天文学教授，摆在他面前的是一条金光大道。

不过，哈密顿的人生并非一帆风顺。受家庭窘迫的经济条件辖制，他不得不带着三个妹妹住到敦辛克天文台。而天文学仅仅是他的兴趣和爱好，他并非实用天文学家，他的观测助手也并不称职，这注定了哈密顿在现代天文学上不会有所成就。

好在生活的困窘并没有干扰到哈密顿，他头脑清醒，成为教授后，仍把主要精力都用在了数学上。23岁时，他发表了《光线系统理论》的第一部分，引入了应用数学的一些方法。这些内容在今天的数学物理学中是不可或缺的，理论物理学的一些研究人员将它们概括为哈密顿原理，该书也成为光学中的伟大杰作。14年后，这篇杰出的著作在曼彻斯特举行的英国协会会议上引起轰动，雅可比宣称"哈密顿是你们国家的拉格朗日"，这里的国家并非只代表爱尔兰，而是囊括所有讲英语的民族。

《光线系统理论》发表近100年后，人们发现哈密顿引入光学的方法，正是与现代量子理论和原子结构理论相联系的波动力学所需要的方法。1925 到 1926 年形成了现代量子理论，而 1833 年，哈密顿 28 岁时，就实现了他把光学原理扩展到整个动力学的抱负。

哈密顿的研究，对极少接触科学研究的人来说，可能很难理解。那么，让我们换个角度看待它。科学研究有时候就像预言，它并不像一般科普读物那样一目了然，要懂得它，需要具备非凡的想象力。在这里列举三个数学理论在物理学科应用中的著名预言。

第一个例子：亚当斯和勒威耶按照牛顿的万有引力理论，通过数学分析，计算了天王星的摄动，并几乎同时做出了关于海王星的数学发现。

第二个例子：麦克斯韦根据他自己的光的电磁理论，在 1864 年做出了无线电波的预言。

第三个例子：1915 到 1916 年，爱因斯坦根据他的广义相对论做出了光线在引力场中偏转的预言。1919 年 5 月 29 日，这个预言首次通过对日食的观测得到证实。同时，爱因斯坦预言：大质量天体产生的光的谱线会向光谱的红端移动。这点也得到了证实。

第二和第三个例子用数学方法预言了完全未知和意料之外的现象。换句话说，这些预言具有极强的指向性。

回到哈密顿身上，他对光学的预言被称为锥形折射，同样具有极强的指向性。他在关于光线的论文《第三个补充》中，有一个惊人的发现：在某些情形下，光在一个双轴晶体内，会产生无穷多条折射光线，或者是折射光线的一个锥；在其他一些情形下，在这样一个晶体中，单独一条光线会产生无穷多条光线，排列在另外某个锥中。因此，他将预见到的两个新的规律命名为内锥折射和外锥折射。

这个预测，被汉弗莱·劳埃德的实验所证实。之前与哈密顿竞争天文学教授职位的对手艾里，这样评价哈密顿的成就："也许迄今为止所做出的最值得注意的预言，就是最近由哈密顿教授做出的那些了。"

婚姻和酒精

有些人认为，哈密顿在那项关于光学和动力学的伟大工作之后，就逐渐走向了衰落。不过，此时哈密顿尚未创造他的四元数——这项几乎穷尽他后半生心血的不朽杰作。

现在，让我们暂时抛开四元数，继续讲述哈密顿的经历。从27岁到60岁去世为止，有两个灾难给哈密顿的科学生涯带来了严重的破坏，那就是婚姻和酒精。不幸的婚姻生活让哈密顿沉湎于酒精之中，而他的婚姻之所以走向不幸，另有原因。

哈密顿的初恋几乎耗尽了他对美好爱情的全部向往，第二次恋爱结束得很轻率，却让哈密顿耿耿于怀。这时，一个乡村牧师的遗孀的女儿——海伦·玛丽亚·贝利出现在了哈密顿的视野里，她以诚实的天性和宗教原则给哈密顿留下了好印象。

1832年夏天，海伦患了一场重病，这件事将深陷失恋悲痛的哈密顿的心思吸引了过来。他为她的病情感到焦虑不安，这也让哈密顿意识到与其投入炽热的恋情中，不如享受比较温柔和温暖的感情。病弱的海伦成功俘获了哈密顿的心，两人于 1833 年春天正式结婚。

天才哈密顿需要一个有坚强意志的、富于同情心的女人支持他，把他的家务管理得井井有条，从而让他从琐碎、烦人的家庭事务中解脱出来，全心全意投入科学研究中去。

不幸的是，海伦是一个病弱的人，后半生几乎处于半残废状态。她或许由于无能，或许由于身体太差，无法尽心尽力打理家庭，只能任由懒散的仆人们随心所欲地管理家务，以至于使哈密顿的书房又脏又乱，像一个猪圈。从他文稿的状况，就能看出他生活在怎样艰难的家庭环境中：在他那堆积如山的文稿中，埋藏着无数的盘子，里面盛着变干了的、没有吃过的猪排；从杂乱无章的东西中，挖掘出了足够供应一大家人吃的饭菜；他论文的手稿中可以找到不少肉骨头和三明治等食物的残渣。

虽然哈密顿和海伦生育了二子一女，但两人终因感情不和而长期分居。

接着便是酒精的侵蚀。婚后 10 年，哈密顿忽然意识到他正走在一条下坡路上，他尝试从滑坡中停下来。于是，从他父亲那里遗传来的善于玩乐和优秀口才的基因完全被激活了，他在任何宴会上都能大吃大喝，放纵自己高谈阔论。加上结婚后，哈密顿的饮食没有规律，习惯不休息地连续工作 12 到 14 个小时，他只能从酒瓶中"补充营养"。

有人认为，如果诗的创造与数学的创造具有相似性，那么合理地小酌几杯会对数学上的创造力有所助力。数学家们也常常谈及，长时间集中精力解决一个难题会引起可怕的紧张，这种紧张其实对解决问题没什么帮助，而有人发现喝杯酒就会明显地松快下来。

但是，哈密顿明显超过了"小酌"这个界限。他开始滥用酒精，不仅独自一人在书房时如此，在宴会厅大庭广众之下也是这样，他甚至在一次科学界的宴会上喝醉了。认识到是什么把他打垮以后，他下决心永远不再喝酒，他的决心保持了两年。

后来，在罗斯勋爵的庄园里举行的一次科学会议上，他的老对手艾里讥笑他除了喝水什么也不喝。哈密顿让步了，从那以后便又沉溺于饮酒。由此可见，酒令人上瘾，最可靠的办法就是从一开始就不去碰触。虽然酒精没能让他退出数学研究，但如果能不再酗酒，他也许会走得更远，达到更高的高度。

尽管如此，哈密顿依然收获荣誉无数。30 岁时，他被授予爵士头衔。32 岁时，他成为爱尔兰皇家科学院院长。38 岁时，他从英国政府获得了每年 200 英镑的文官终身津贴，在此前不久，哈密顿做出了他的重大发现——四元数。

天才永不陨落

最后，来聊聊四元数的诞生。

复数可以用来表示平面的向量，在物理上有极其广泛的应用。人们很自然地联想到：能否仿照复数集找到"三维复数"来进行空间量的表示呢？

历史上的数学大师们大都曾努力追寻过这个答案。1828 年，哈密顿投入四元数的研究中。当然，当时并不叫四元数。他只是想发明一种新的代数，用来描述绕空间一定轴转动并同时进行伸缩的向量的运动。他设想这种新代数应包含四个分量：两个分量固定转动轴，一个分量规定转动角度，第四个分量规定向量的伸缩。但是，在构造新代数的过程中，受传统观念的影响，他不肯放弃乘法交换律，所以屡受挫折。这种挫折对哈密顿这个数学神童来说几乎是不可思议的。为了攻克难题，哈密顿钻研了整整 15 年。

直到 1843 年的一天下午，夕阳无限，秋色爽丽，风景宜人，海伦见丈夫埋头研究问题，几乎不知寒暑，不问春秋，于是很想让他外出放松一下，调节一下身体。她说："亲爱的，外面的自然即使不比你的数学更有趣，也不会逊色的，快出去看看吧，多么美丽的秋天呀！"

哈密顿在海伦的劝说下，放下手头的问题，走出书房。夫妻二人散步，不知不觉来到护城河畔。秋风柔和而凉爽，河面波光粼粼。清新的空气带着成熟的果香和大自然土壤的芬芳，使人精神振奋，思维清晰。

他们陶醉在大自然中，这时暮色苍茫，晚景宜人。二人站在布鲁哈姆桥上，透过清新的水汽，望着万家灯火。哈密顿在若有若无地思考，似乎远又似乎近、似乎清楚又似乎模糊的东西久久萦绕在他的脑海，招之不来，挥之不去。突然之间，这些印象似的感觉都变成了亮点，以往的迷雾全部消失，思维的闪电划过头脑的天空。

哈密顿想：在所寻找的代数中，能否让交换律不成立呢？

这个想法太大胆了，却令哈密顿的眼前豁然亮了，那些澄明的要点一一显露。哈密顿迅速拿出随身携带的笔记本，把思想的火花记录下来。这一火花就是 I、J、K 之间的基本方程，即四元数乘法基本公式。哈密顿因此把 1843 年 10 月 16 日称为四元数的生日。

借着这个时机，哈密顿大踏步地飞奔回家，一头扎进书房，废寝忘食。一连几天，几乎不动地方，全神贯注地书写，并且不时地演算。在几寸厚的稿纸中，哈密顿整理出一篇有划时代意义的论文，困扰他 15 年的难题终于找到了解法！ 1843 年 11 月，数学界轰动了，哈密顿和爱尔兰皇家科学院向世人宣布了四元数的诞生。

能够舍弃乘法交换律而构造出相容的、实际有用的代数系统，这是一项可以同非欧几何思想的形成相媲美的第一流发现。按照哈密顿的四元数，涌现出了过去两代物理学家们所喜爱的各种向量分析。他的伟大发现直到今天仍然指引着代数学家们通往其他代数的道路。数学家们追随哈密顿的脚步，通过否定一个或更多的公设并发展其结果随意创造出各种代数。

哈密顿在生命中最后的 22 年里几乎完全致力于对四元数的详细推敲，包括它们对动力学、天文学和光的波动理论的应用。哈密顿去世后，《四元数基础》得以发表，详尽的内容清楚地表明了作者对四元数投入了多少心血。而哈密顿最深刻的悲剧既不是酒精，也不是他的婚姻，而是他顽固地相信，四元数是解决物质宇宙里数学难题的关键。这个认知将他囚禁在四元数的世界里，使他再也没能向前迈进一步。

不过，人力终有穷尽时。哈密顿已经取得了非常伟大的成就，没有必要再苛责他了。

哈密顿还是个完美主义者，这一点通过两件小事就能看清。

第一件事，哈密顿发明四元数两个月后，即 1843 年 12 月，格莱乌斯就发明了八元数。格莱乌斯把文章交给哈密顿审阅，就因为哈密顿是个出了名的完美主义者，审稿时间拖得太长，结果 1845 年 3 月，凯莱在英国的哲学杂志上率先发表了相关结果，八元数变成了凯莱数，哈密顿只好向格莱乌斯道歉。

令人欣慰的是，这件事并没有影响格莱乌斯对哈密顿的崇拜。在哈密顿辞世后，他主动整理了哈密顿的学术遗产，这在人类学术史上绝无仅有。

第二件事，1835 年，英国人杰拉德提交了一篇文章，宣称找到了五次方程的一般解。由于长期研究一元五次方程解的问题，哈密顿便受命审阅这篇文章。哈密顿花了一个晚上给出了关于这篇论文的报告，认为这篇文章包含了很多聪明的数学办法，但是没有提供一元五次方程的一般解。可能杰拉德对这个回复十分不满意，一个月后，杰拉德干脆宣称找到了任意次方程的解，结果论文还是交由哈密顿审阅。哈密顿基于自己对方程的研究，认为杰拉德并没有找到任意次方程的解法。于是，在 1836 年 5 月 31 日这一天，哈密顿给杰拉德写了一封 124 页的长信，详细阐明为什么他给出负面结论。一天手写 124 页长的审稿意见，这个世界上大概不会出现第二回了。

哈密顿对数学的痴迷还体现在玩具上。1857 年，哈密顿发明了一个名为"周游世界"的玩具，玩具被设计成正十二面体，在 20 个顶点上分别标注北京、东京、柏林、巴黎、纽约、旧金山、莫斯科、伦敦、罗马、里约热内卢、布拉格、新西伯利亚、墨尔本、耶路撒冷、爱丁堡、都柏林、布达佩斯、安亚伯、阿姆斯特丹和华沙，要求从以上 20 个遍布世界的大都市中的某一个出发，沿正十二面体的棱行进，每城只到一次，再返回出发地。

哈密顿把这项专利卖给一个玩具商，得到了 25 个金币的酬金。但这个游戏对玩家的数学水平要求太高，大多数数学素质欠佳的普通人玩不好，所以销路不佳。但在数学史上，哈密顿周游世界的游戏和欧拉的七桥问题是两个标志性事件，播下了图论诞生与发展的种子。

哈密顿在临终时获得了最后一项荣誉，他被选为美国科学院的外籍院士。这项荣誉主要是为了表彰他对四元数工作的重视，因此获此荣誉比获得其他任何荣誉都更让哈密顿感到高兴。

1865 年 9 月 2 日，60 岁的哈密顿死于痛风。哈密顿在最后一段时间里，生活得像一个遁世者，对在他工作时塞给他的饭菜毫不理睬，沉溺在对四元数的研究中。他过世后，人们发现了他留下的大量混乱的文稿。如今，这些文稿已经被整理完毕并出版。

哈密顿作为罕有的诗人科学家，曾经写道："我，一个久在井底泥泞里的挣扎者，确信我已经让淤泥退后，一直在努力辨别多少（我捞起来的）料是来自智识的清泉，多少是来自物质世界的泥泞底色。"

这几句诗或许可以成为哈密顿人生的注解，他将生命投入辨别智识的清泉中，无论路途中遭遇怎样的坎坷和磨难，他从未放弃，直至如明星般升入浩瀚苍穹，为后来者照亮科学探索世界微暗的路。